煤炭高等教育“十四五”规划教材

电子电路
创新实践教程

主 编 蔡 俊 李良光
参 编 刘淮霞 郭来功 刘国巍 李昕 孙霞 张梅

中国矿业大学出版社
·徐州·

图书在版编目(CIP)数据

电子电路创新实践教程 / 蔡俊，李良光主编. — 徐州：中国矿业大学出版社，2023.12

ISBN 978-7-5646-5681-2

Ⅰ. ①电… Ⅱ. ①蔡… ②李… Ⅲ. ①电子电路—教材 Ⅳ. ①TN710

中国版本图书馆 CIP 数据核字(2022)第 254251 号

书　　名　电子电路创新实践教程

主　　编　蔡　俊　李良光

责任编辑　仓小金

出版发行　中国矿业大学出版社有限责任公司

（江苏省徐州市解放南路　邮编 221008）

营销热线　(0516)83885370　83884103

出版服务　(0516)83995789　83884920

网　　址　http://www.cumtp.com　**E-mail**:cumtpvip@cumtp.com

印　　刷　苏州市古得堡数码印刷有限公司

开　　本　787 mm×1092 mm　1/16　**印张** 8.75　**字数** 224 千字

版次印次　2023 年 12 月第 1 版　2023 年 12 月第 1 次印刷

定　　价　28.00 元

前　言

针对本科教学过程中存在的实践内容不丰富、创新性不足的问题，我们决定在部分基础课、专业基础课完成后开设“电子电路创新实践”课程。这个课程的目的是培养工科学生的科学技术与工程实践创新意识，让他们将“电子电路”课程中学到的基本理论运用到具体的工程实践中。通过理论和实践环节的教学，学生能够学以致用，理解工程技术的科学性和价值所在，提高学习兴趣，增强实践动手能力，明确未来个人发展目标。

在“电子电路创新实践”教程中，我们选择了电路理论和电子技术基础(包括模拟电子和数字电子)课程中适合引申、推广应用的部分实践性强的理论课内容，并加以扩展。我们将基本理论与应用技术相结合，设计了相应的教学项目。本课程由八个相对独立的教学单元构成，总学时为 32 学时。每个教学单元用 4 学时来完成一个特定内容的理论和实践教学任务。每个项目包括两个部分：相关基础理论和技术应用实例分析(课堂讲授部分，分配 2 学时)、实践操作与电路测试(学生在实验室独立完成，分配 2 学时)。课程的重点是将在专业基础课中学到的基本理论推广应用到工程实践中，并探讨在应用过程中可能存在的一些技术细节方面的问题与处理方法。

课程的教学目标包括：

(1) 掌握电子电路的分析和计算技巧；

(2) 熟悉相关仪器设备的使用，能够根据电路特性制定有效的测试方案；

(3) 具备独立完成简单电子电路的设计、搭建和测试工作的能力；

(4) 培养学生的创新性思维，提高理论联系实际的能力。

本课程适用于所有电类专业本科和专科学生的学习，建议在完成电子技术基础课程后开设。以下是课程的几个主要特色：

各章节内容均采用理论教学与实践教学相结合的方式进行，其中理论教学部分占2学时，实践教学部分占2学时。这样的安排可以有效解决当前高校中普遍存在的理论课与实践教学脱节的问题。

本课程在完成专业基础课程后开设，课程内容包括相关的基本理论知识，但重点在于这些理论的推广应用（知识的扩充、深入）。这种教学方式适用于电气与信息类各专业，具有广泛的适用性，并有助于尽早培养学生的工程应用和创新意识。

本课程的考核方式有别于传统的理论考试形式。我们将以实验操作过程及结果分析报告的形式来评价学生的学习效果。由于实验中存在各种影响因素，测试结果可能不尽相同。这种评价方式能够很好地评估学生运用所学知识的能力。

本教程由安徽理工大学电气与信息工程学院组织编写。刘淮霞负责编写第1章，张梅负责编写第2章，蔡俊负责编写第3章，郭来功负责编写第4章，刘国巍负责编写第5章，李昕负责编写第6章，孙霞负责编写第7章，李良光负责编写第8章。全书由蔡俊负责策划、组织和定稿，李良光负责教材内容的整理和微调。

尽管我们尽力满足专业教学的要求，但由于编者能力有限，本教材难免会存在错误和不妥之处。我们真诚希望使用本教材的师生、读者能够提出宝贵的意见和建议，以便我们在未来的工作中进行改进。感谢您对我们工作的关注和支持！

蔡俊　李良光

2023年8月

目　录

第 1 章　RLC 谐振电路参数测试

谐振是正弦电路在特殊条件下产生的一种物理现象，一方面这一现象在无线电和电工技术中得到广泛应用。但另一方面，在电路发生谐振时，会产生过电压(过电流)，可能危害电气设备的安全。因此，研究电路中的谐振现象有着重要的实际意义。

1.1　RLC 串联谐振电路

1.1.1　谐振的定义

含 RLC 的一端口电路，如图 1-1 所示，在特殊条件下出现端口电压、电流同相位的现象时，称电路发生了谐振，此时，有

$$\frac{\dot{U}}{\dot{I}}=Z=R,\varphi_u=\varphi_i$$

1.1.2　RLC 串联谐振的条件

图 1-2 所示的 RLC 串联电路的总复阻抗为

$$Z=R+\mathrm{j}(\omega L-\frac{1}{\omega C})=R+\mathrm{j}(X_L-X_C)=R+\mathrm{j}X \tag{1-1}$$

当 $X_L=X_C$，即 $X=0$ 时，这时整个电路的阻抗等于电阻，即 $Z=R$，即电压源 $\dot{U}_S$ 和电流 $\dot{I}$ 同相位，此时电路发生谐振，由于电路是串联电路，所以将这种谐振称为串联谐振。

因此，RLC 串联电路发生谐振的条件为

$$X=0,\text{即 } X_L=X_C \tag{1-2}$$

或

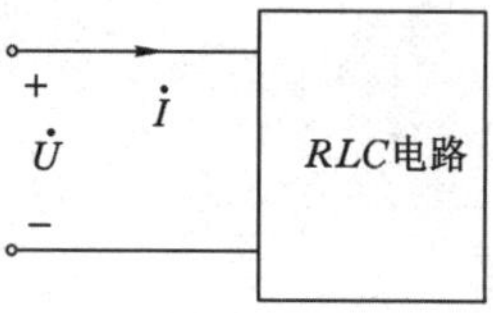

图 1-1　含 *RLC* 的一端口电路

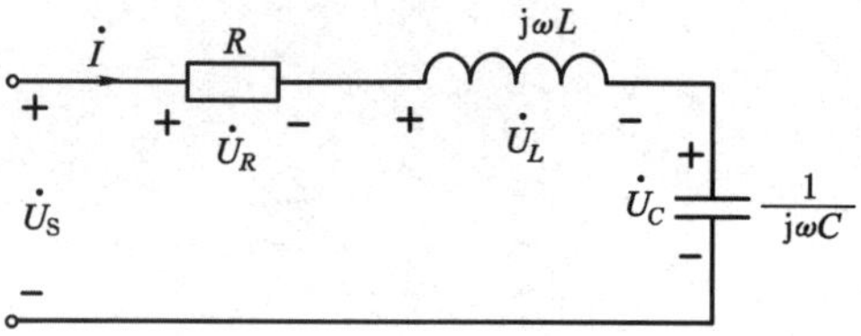

图 1-2　*RLC* 串联电路

$$\omega L=\frac{1}{\omega C} \tag{1-3}$$

这时的角频率 ω 称为谐振角频率，用 ω_0 表示，即

$$\omega_0=\frac{1}{\sqrt{LC}} \tag{1-4}$$

由于 $\omega_0=2\pi f_0$，所以谐振频率为

$$f_0=\frac{1}{2\pi\sqrt{LC}} \tag{1-5}$$

f_0 称为电路的谐振频率，又称为电路的固有频率。由式(1-5)可知，调节 L 或 C 可以改变电路的谐振频率；在电源的频率一定时，调节 L 或 C 可使电路处于谐振状态；电路是否谐振与电阻 R 无关。

1.1.3　谐振阻抗、特性阻抗与品质因数

电路在谐振时的输入阻抗称为谐振阻抗，用 Z_0 表示。由于谐振时

$$X=0,故\ Z_0=R \tag{1-6}$$

谐振时的感抗和容抗称为电路的特性阻抗，用 ρ 表示，即

$$\rho=\omega_0 L=\frac{1}{\omega_0 C}=\sqrt{\frac{L}{C}} \tag{1-7}$$

品质因数定义为特性阻抗 ρ 与电阻 R 的比值，用 Q 表示，即

$$Q=\frac{\rho}{R}=\frac{\omega_0 L}{R}=\frac{1}{\omega_0 CR}=\frac{1}{R}\sqrt{\frac{L}{C}} \tag{1-8}$$

Q 的大小可以反映谐振电路的性能，是电路基本属性的重要参数。

1.1.4　串联谐振电路的特征

由图 1-2 可得，阻抗的频率特性

$$Z(\mathrm{j}\omega)=R+\mathrm{j}(\omega L-\frac{1}{\omega C})=|Z(\omega)|\angle\varphi(\omega) \tag{1-9}$$

幅频特性

$$|Z(\omega)| = \sqrt{R^2 + (\omega L - \frac{1}{\omega C})^2} = \sqrt{R^2 + (X_L - X_C)^2} = \sqrt{R^2 + X^2} \tag{1-10}$$

相频特性

$$\varphi(\omega) = \arctan \frac{\omega L - \frac{1}{\omega C}}{R} = \arctan(\frac{X_L - X_C}{R}) = \arctan \frac{X}{R} \tag{1-11}$$

由式(1-9)可以看出，当 $\omega = \omega_0$ 时，$Z = R$，Z 达到最小值。因此，阻抗 $Z(\mathrm{j}\omega)$ 以 ω_0 为中心，在全频域内随频率变动的情况分为 3 个频区，描述如表 1-1 所列。

表 1-1　$Z(\mathrm{j}\omega)$ 随频率的变化情况

$\omega < \omega_0$	$\omega = \omega_0$	$\omega > \omega_0$
$X(\mathrm{j}\omega) < 0, \varphi(\omega) < 0$	$X(\mathrm{j}\omega) = 0, \varphi(\omega) = 0$	$X(\mathrm{j}\omega) > 0, \varphi(\omega) > 0$
容性区	电阻性	感性区
$R < \lvert Z(\omega) \rvert$	$R = \lvert Z(\omega) \rvert$	$R < \lvert Z(\omega) \rvert$
且 $\lim\limits_{\omega \to 0} Z(\omega) = \infty$		且 $\lim\limits_{\omega \to \infty} \lvert Z(\omega) \rvert = \infty$

阻抗随频率变化的响应曲线如图 1-3 所示。

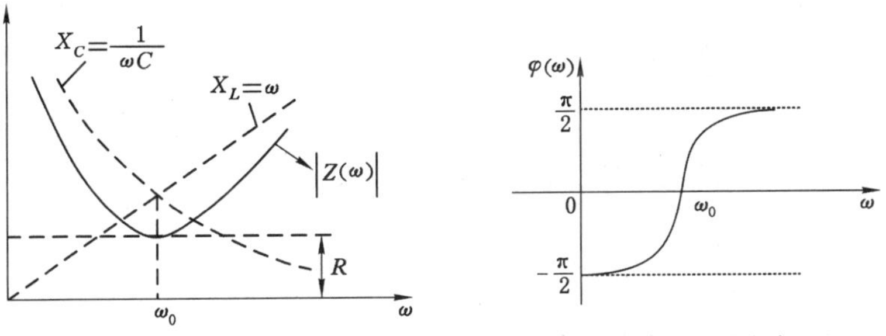

(a) 幅频响应曲线　　(b) 相频响应曲线

图 1-3　阻抗的频率响应曲线

外加激励电压 $\dot{U}_S$ 保持一定，当 *RLC* 串联电路发生谐振时，有如下一些特征：

(1) 谐振时 $\dot{U}$ 与 $\dot{I}$ 同相

输入阻抗为纯电阻，即 $Z = R$，阻抗值 $Z(\mathrm{j}\omega_0) = R$ 为最小值。此时电路中的电流 $I(\mathrm{j}\omega_0)$ 为最大值，有

$$I(\mathrm{j}\omega_0) = \frac{U_S(\mathrm{j}\omega_0)}{R} \tag{1-12}$$

此最大值称为谐振峰值。这是 RLC 串联电路发生谐振时的突出标志，据此可以判断电路是否发生谐振。由于谐振时电路的阻抗呈电阻性，所以电路中的电流与电源电压同相位。设 $\dot{U}_S = U_S\angle\varphi_u$，则电流相量为

$$\dot{I}(j\omega_0) = \frac{U_S}{R}\angle\varphi_u = I_0\angle\varphi_i \tag{1-13}$$

$$\varphi_u = \varphi_i \tag{1-14}$$

这时的电流值完全取决于电阻值，与电感和电容值无关，电阻越小，谐振电流就越大。

(2) 电感与电容上的电压大小相等

电感与电容上的电压大小相等且为电源电压的 Q 倍，相位相反，串联总电压为 0。谐振时

$$\dot{U}_L = j\omega_0 L\dot{I} = j\omega_0 L\,\frac{\dot{U}_S}{R} = jQ\dot{U}_S \tag{1-15}$$

$$\dot{U}_C = -j\,\frac{\dot{I}}{\omega_0 C} = -j\omega_0 L\,\frac{\dot{U}_S}{R} = -jQ\dot{U}_S \tag{1-16}$$

$$U_L = U_C = QU_S \tag{1-17}$$

$Q\gg1$，$U_L = U_C \gg U_S$，即有“升压”的现象，所以串联谐振又称为电压谐振。这种出现高电压的现象，在无线电和电子工程中非常有用，可以使微弱的激励电压通过串联谐振后，在电感或电容上产生激励电压的 Q 倍的响应电压。而在电力工程中，可能产生危险的过电压，引起电气设备损坏。所以对于串联谐振要根据不同情况加以利用或力求避免。

由式(1-17)可得到品质因数 Q 的另一种表达式，即

$$Q = \frac{U_L(j\omega_0)}{U_S} = \frac{U_C(j\omega_0)}{U_S} \tag{1-18}$$

(3) 电阻上的电压为电压源电压

谐振时

$$\dot{U}_R(j\omega_0) = R\dot{I}_0(j\omega_0) = R\,\frac{\dot{U}_S}{R} = \dot{U}_S \tag{1-19}$$

由于此时电流为最大值，所以电阻上的电压也为最大值。谐振时的相量图如图 1-4 所示。

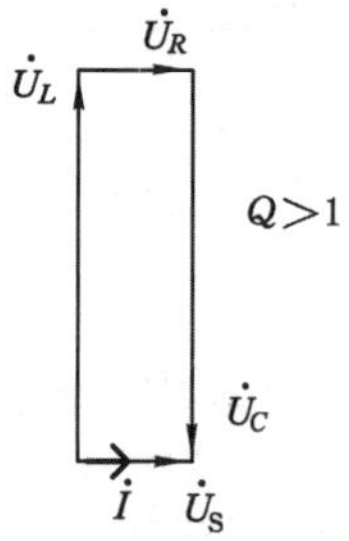

图 1-4　谐振时的相量图

[例 1-1]　某收音机输入回路 $L=0.3$ mH，$R=10\ \Omega$，为收到中央台信号，(1) 求调谐电容 C 值；(2) 如输入电压为 1.5 μV，求谐振电流和此时的电容电压。

解　(1) $\because f_0=\dfrac{1}{2\pi\sqrt{LC}}$

$\therefore C=\dfrac{1}{(2\pi f)^2 L}=269\ \mu\text{F}$

(2) $I_0=\dfrac{U}{R}=\dfrac{1.5}{10}\mu\text{A}=0.15\ \mu\text{A}$

$$U_C=I_0 X_C=158.5\ \mu\text{V}\gg 1.5\ \mu\text{V}$$

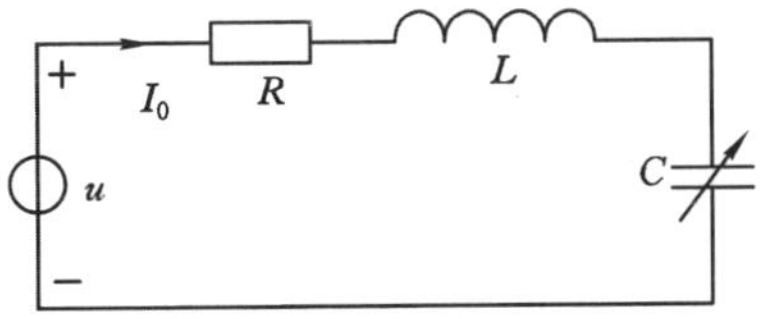

图 1-5　例 1-1 图

或

$$U_C=QU=\frac{\omega_0 L}{R}U$$

(4) 谐振时的功率

谐振时的有功功率为

$$P=U_S I\cos\varphi=U_S I=RI_0^2=\frac{U_0^2}{R} \tag{1-20}$$

上式表明,电源发出的功率就是电阻上消耗的功率。

电路中的无功功率为

$$Q=U_S I\sin\varphi=Q_L+Q_C=0 \tag{1-21}$$

$$Q_L=\omega_0 L I_0^2 \tag{1-22}$$

$$Q_C=-\frac{1}{\omega_0 C}I_0^2=-\omega_0 L I_0^2 \tag{1-23}$$

以上各式表明,串联谐振时,电感吸收的无功功率等于电容发出的无功功率,电感和电容之间进行能量的相互交换而不与电源之间交换能量。电源只提供电阻的能量消耗,维持电路作等幅振荡,因而整个电路相当于纯电阻电路。

由以上关系式,可得到品质因数 Q 的另一物理意义:谐振时,Q 是电容或电感中的无功功率与电路中的有功功率的比值,即

$$Q=\frac{\text{无功功率}(Q_L\text{ 或 }Q_C)}{\text{有功功率}} \tag{1-24}$$

(5) 谐振时的能量关系

设 $u_S=U_m\sin\omega_0 t$，则 $i=\dfrac{U_m}{R}\sin\omega_0 t=I_m\sin\omega_0 t$

$$u_C=\frac{I_m}{\omega_0 C}\sin(\omega_0 t-90°)=-\sqrt{\frac{L}{C}}I_m\cos\omega_0 t$$

$$W_C=\frac{1}{2}Cu_C^2=\frac{1}{2}LI_m^2\cos^2\omega_0 t \tag{1-25}$$

$$W_L=\frac{1}{2}Li^2=\frac{1}{2}LI_m^2\sin^2\omega_0 t \tag{1-26}$$

上式表明：

① 电感和电容能量按正弦规律变化，最大值相等，$W_{Lm}=W_{Cm}$。L、C 的电场能量和磁场能量作周期振荡性的交换，而不与电源进行能量交换。

② 总能量是不随时间变化的常量，且等于最大值。

$$W_{总}=W_L+W_C=\frac{1}{2}LI_m^2+\frac{1}{2}CU_{Cm}^2=CQ^2U_S^2 \tag{1-27}$$

［例 1-2］ 一接收器电路参数为：$\omega=5\times10^3$ rad/s，$U=10$ V，见图 1-6。调节 C 使电路中的电流最大，$I_{max}=200$ mA，测得此时电容电压为 600 V，求 R、L、C 和 Q。

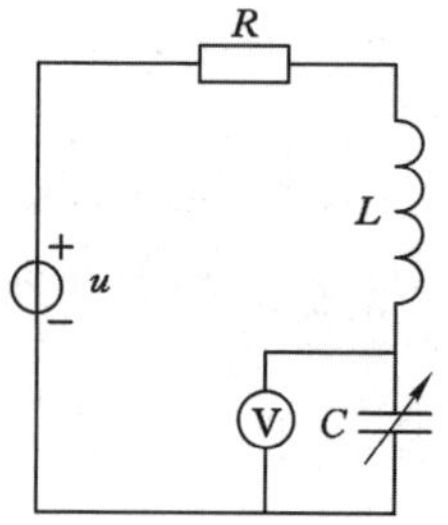

图 1-6 例 1-2 图

解 $R=\dfrac{U}{I_{max}}=\dfrac{10}{200\times10^{-3}}=50\ \Omega$

由 $U_C=QU$ 得 $Q=\dfrac{U_C}{U}=\dfrac{600}{10}=60$

由 $Q=\dfrac{\omega_0 L}{R}$ 得 $L=\dfrac{RQ}{\omega_0}=\dfrac{50\times60}{5\times10^3}=60$ mH

由 $\omega_0=\dfrac{1}{\sqrt{LC}}$ 得 $C=\dfrac{1}{\omega_0^2 L}=0.67\ \mu$F

1.1.5 *RLC* 串联电路的频率响应

以图 1-2 为例，下面分析网络函数（电压比）$\dfrac{\dot{U}_R(j\omega)}{\dot{U}_S(j\omega_0)}$、$\dfrac{\dot{U}_L(j\omega)}{\dot{U}_S(j\omega_0)}$ 和 $\dfrac{\dot{U}_C(j\omega)}{\dot{U}_S(j\omega_0)}$ 的频率特性，其中：$\dfrac{\dot{U}_R(j\omega)}{\dot{U}_S(j\omega_0)}=\dfrac{\dot{I}(j\omega)}{\dot{I}(j\omega_0)}$。

为了便于比较不同参数的 *RLC* 串联电路的频率响应之间在性能上的差异，频率响应曲线均采用相对于谐振点的比值作为绘制频率特性的坐标系。即纵坐标为：$\frac{\dot{U}_R(j\omega)}{\dot{U}_S}$（$\frac{\dot{I}(j\omega)}{\dot{I}(j\omega_0)}$）、$\frac{\dot{U}_L(j\omega)}{\dot{U}_S}$ 和 $\frac{\dot{U}_C(j\omega)}{\dot{U}_S}$，横坐标为：$\eta=\frac{\omega}{\omega_0}$，$\omega=\eta\omega_0$。所有的 RLC 电路都在 $\eta=1$ 处谐振，在同一个相对尺度下比较频率特性，η 表示角频率 ω 偏离谐振角频率 ω_0 程度（偏谐程度）。在这种坐标系下绘制的频率响应曲线，称为通用曲线。

1．以电阻电压 $\dot{U}_R(j\eta)$ 作为输出变量，其网络函数 $H_R(j\eta)$ 的表示

$$H_R(j\eta)=\frac{\dot{U}_R(j\omega)}{\dot{U}_S}=\frac{R}{R+j(\omega L-\frac{1}{\omega C})}=\frac{1}{1+j(\frac{\omega L}{R}-\frac{1}{\omega CR})}$$

$$=\frac{1}{1+j(\frac{\omega\omega_0 L}{\omega_0 R}-\frac{\omega_0}{\omega\omega_0 CR})}=\frac{1}{1+jQ(\eta-\frac{1}{\eta})}\tag{1-28}$$

幅频特性

$$|H_R(j\eta)|=\frac{1}{\sqrt{1+Q^2(\eta-\frac{1}{\eta})^2}}\tag{1-29}$$

相频特性

$$\varphi(j\eta)=-\arctan\left[Q(\eta-\frac{1}{\eta})\right]\tag{1-30}$$

从上式可以看出，不同 RLC 串联电路在频率响应上的差异，可以通过各自的 Q 值体现出来。

$H_R(j\eta)$ 的频率响应曲线如图 1-7 所示，从图中可以看出，$H_R(j\eta)$ 不仅随 η 的变化而变化，还与值 Q 的大小有关，电路的品质因数 Q 对谐振曲线形状起决定的作用。Q 值越高，曲线越尖锐，否则，曲线越平坦。

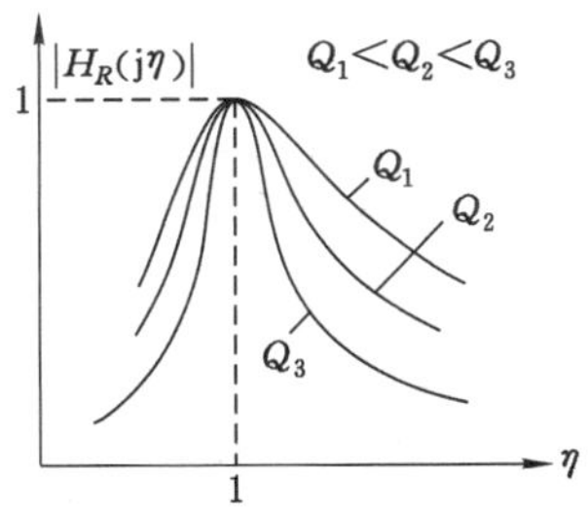

图 1-7　$H_R(j\eta)$ 的幅频响应曲线

① 选择性：谐振电路具有选择性

在谐振点响应出现峰值，当 ω 偏离 ω_0 时，输出下降，即串联谐振电路对不同频率信号有不同的响应，对谐振信号最突出（响应最大），而对远离谐振频率的信号具有抑制能力。这种对不同输入信号的选择能力称为"选择性"。

② 谐振电路的选择性与 Q 成正比

由图 1-7 可以看出，Q 越大，谐振曲线越陡，电路对非谐振频率的信号具有越强的抑制能力，选择性越好。在电子电路中（如收音机），即 Q 值大的调谐到某电台时声音就

清晰,“窜音”就很小。所以,电路的品质因数 Q 是反映谐振电路品质的一个重要指标,电路的品质因数只由电路本身的参数决定,与信号源无关。如果信号源内阻不能忽略,则当其接入电路后,将增大电路的总电阻,从而降低电路的品质因数和选择性。

③ 谐振电路的有效工作频段

实际传输的信号不是单一频率,是由多频率组成的,占有一定的频率范围,这就是谐振电路的有效工作频段,称为通频带。例如,在电话通信中,频带宽度为 0.3～3 kHz;在电台广播中,频带宽为十几千赫兹。如果 Q 值过高,谐振曲线太尖锐,有一部分信号必受抑制,造成传输信号的失真。所以在强调选择性的同时,必须考虑电路的通频带。通频带限定的频域范围,记为 BW。工程上按下式决定通频带 BW,即

$$|H_R(\mathrm{j}\eta)| \geqslant \frac{1}{\sqrt{2}} = 0.707 \tag{1-31}$$

上式取等号时,可得

$$Q(\eta - \frac{1}{\eta}) = \pm 1 \tag{1-32}$$

由式(1-32)可求得两个频率点,作为通频带 BW 的上下界,设为 $\eta_{\mathrm{j1}} < 1$(谐振点左侧)称为下界(下截止频率),$\eta_{\mathrm{j2}} > 1$(谐振点右侧)称为上界(上截止频率),分别为

$$\eta_{\mathrm{j1}} = -\frac{1}{2Q} + \sqrt{(\frac{1}{2Q})^2 + 1} < 1 \text{ 和 } \omega_{\mathrm{j1}} = \eta_{\mathrm{j1}}\omega_0 \tag{1-33}$$

$$\eta_{\mathrm{j2}} = \frac{1}{2Q} + \sqrt{(\frac{1}{2Q})^2 + 1} > 1 \text{ 和 } \omega_{\mathrm{j2}} = \eta_{\mathrm{j2}}\omega_0 \tag{1-34}$$

通频带 BW 为

$$BW = \omega_{\mathrm{j2}} - \omega_{\mathrm{j1}} = \frac{\omega_0}{Q} \text{ 或 } BW = \frac{f_0}{Q} \tag{1-35}$$

通频带如图 1-8 所示。

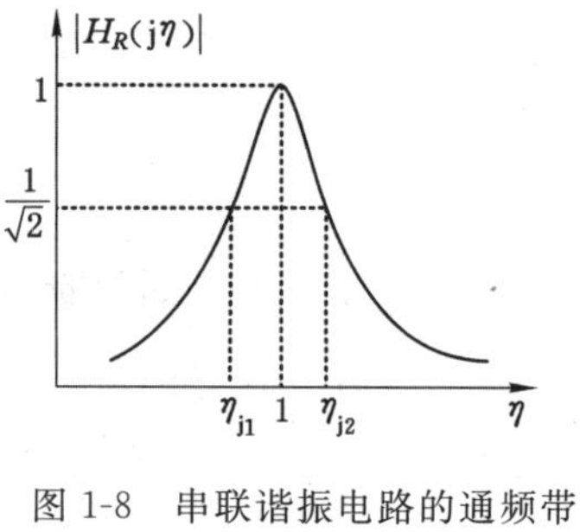

图 1-8　串联谐振电路的通频带

从图 1-8 可以看出,通频带位于频域中段,呈带状。所以网络函数 $H_R(\mathrm{j}\eta)$ 称为带

通函数，通频带的频率范围为

$$\omega_{j1} \leqslant \omega \leqslant \omega_{j2} \tag{1-36}$$

工程上对 ω_{j1}、ω_{j2} 常另有称谓，如 3 dB 点[因为 20lg (0.707)＝－3 dB，即电压下降了 3 dB]；半功率点（因为此时电阻上的功耗等于谐振时电阻功耗的一半），并有 $\varphi(j\eta_{j1})=45°$，$\varphi(j\eta_{j2})=-45°$。

由以上分析可知，电路的品质因数值 Q 越高，通频带就越窄，选择性能就越好；反之，Q 值越低，通频带就宽，但选择性差。因此，在串联谐振电路中，通频带和选择性之间存在矛盾。在实际应用中，必须根据需要，两者兼顾，并有所侧重选择适当的品质因数。

［例 1-3］　已知三个电台载波频率分别为：北京台 820 kHz，中央台 640 kHz，北京经济台 1 026 kHz。电路如图 1-9 所示，电路参数 $L=250\ \mu H$，$R=20\ \Omega$，$U_1=U_2=U_3=10\ \mu V$。若电容调至 $C=150$ pF 时，电路发生谐振，那么接收器接收到哪个电台的信号？此时，接收器的输出电压 U_R 是多少？

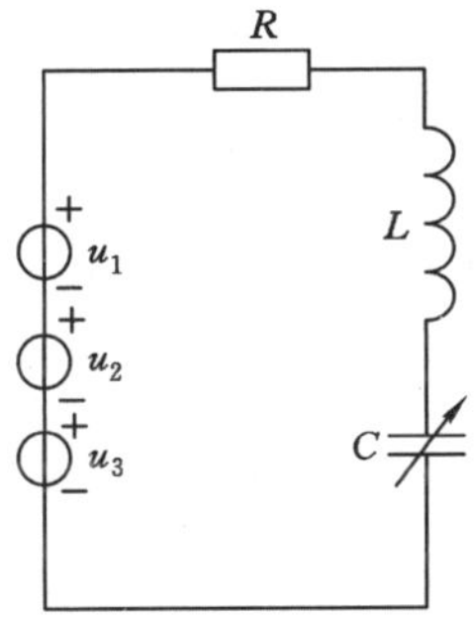

图 1-9　例 1-3 图

解　$\omega_0=\dfrac{1}{\sqrt{LC}}=5.16\times10^6$ rad/s

$f_0=820$ kHz

表 1-2　电台参数

参数	北京台	中央台	北京经济台
f/kHz	820	640	1 026
ωL	1 290	1 000	1 611
$\dfrac{1}{\omega C}$	−1 290	−1 660	−1 034
X	0	−660	577
$U_R=\dfrac{UR}{\lvert Z\rvert}$	$U_{R0}=10$	$U_{R1}=0.304$	$U_{R2}=0.346$

$$\frac{U_{R0}}{U_{R1}}\times 100\% = 3.04\%,\ \frac{U_{R2}}{U_{R0}} = 3.46\%$$

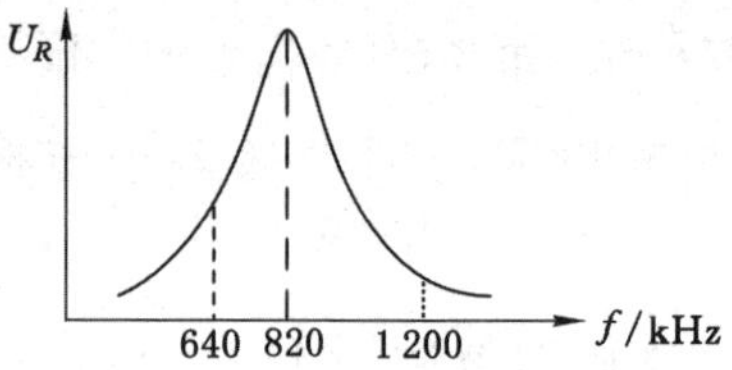

图 1-10　例 1-3$U_R f$ 曲线

收到北京台 820 kHz 的节目，$U_R = 10\ \Omega$。见图 1-10。

2. 以 $\dot{U}_L(\mathrm{j}\eta)$ 与 $\dot{U}_C(\mathrm{j}\eta)$ 为输出的网络函数 $H_L(\mathrm{j}\eta)$ 和 $H_C(\mathrm{j}\eta)$

$$H_L(\mathrm{j}\eta) = \frac{\dot{U}_L(\mathrm{j}\eta)}{\dot{U}_S} = \frac{\mathrm{j}\omega L}{R + \mathrm{j}\left(\omega L - \dfrac{1}{\omega C}\right)} = \frac{\mathrm{j}Q}{\dfrac{1}{\eta} + \mathrm{j}Q\left(1 - \dfrac{1}{\eta^2}\right)} \tag{1-37}$$

$$H_C(\mathrm{j}\eta) = \frac{\dot{U}_C(\mathrm{j}\eta)}{\dot{U}_S} = \frac{\dfrac{1}{\mathrm{j}\omega C}}{R + \mathrm{j}\left(\omega L - \dfrac{1}{\omega C}\right)} = \frac{-\mathrm{j}Q}{\eta + \mathrm{j}Q(\eta^2 - 1)} \tag{1-38}$$

由于 $\dot{U}_C(\mathrm{j}\eta)$ 滞后 $\dot{U}_R(\mathrm{j}\eta)90°$，而 $\dot{U}_L(\mathrm{j}\eta)$ 超前 $\dot{U}_R(\mathrm{j}\eta)90°$，所以，上述网络函数的相频特性不予分析。下面分析网络函数 $H_L(\mathrm{j}\eta)$ 和 $H_C(\mathrm{j}\eta)$ 的幅频特性。

先求 $H_L(\mathrm{j}\eta)$ 和 $H_C(\mathrm{j}\eta)$ 的权值点：

令 $\dfrac{\mathrm{d}H_C(\mathrm{j}\eta)}{\mathrm{d}\eta} = 0$，可求得如下三个权值点 η_{C1}、η_{C2} 和 η_{C3} 对应的权值

$$\begin{cases} \eta_{C1} = 0,\ |H_C(\mathrm{j}\eta_{C1})| = 1 \\ \eta_{C2} = \sqrt{1 - \dfrac{1}{2Q^2}},\ |H_C(\mathrm{j}\eta_{C2})| = \dfrac{Q}{\sqrt{1 - \dfrac{1}{4Q^2}}} > Q \quad (\text{当 } Q > 0.707 \text{ 时}) \\ \eta_{C3} = \infty,\ |H_C(\mathrm{j}\eta_{C3})| = 0 \end{cases}$$

对 $H_L(\mathrm{j}\eta)$ 作类似的分析，得到

$$\begin{cases} \eta_{L1} = \dfrac{1}{\eta_{C3}} = 0,\ |H_L(j\eta_{L1})| = 0 \\ \eta_{L2} = \dfrac{1}{\eta_{C2}} = \sqrt{\dfrac{2Q^2}{2Q^2 - 1}},\ |H_L(j\eta_{L2})| = \dfrac{Q}{\sqrt{1 - \dfrac{1}{4Q^2}}} > Q (\text{当 } Q > 0.707 \text{ 时}) \\ \eta_{L3} = \dfrac{1}{\eta_{C1}} = \infty,\ |H_L(\mathrm{j}\eta_{L3})| = 1 \end{cases}$$

由此可绘制出两条幅频特性曲线如图 1-11 所示。

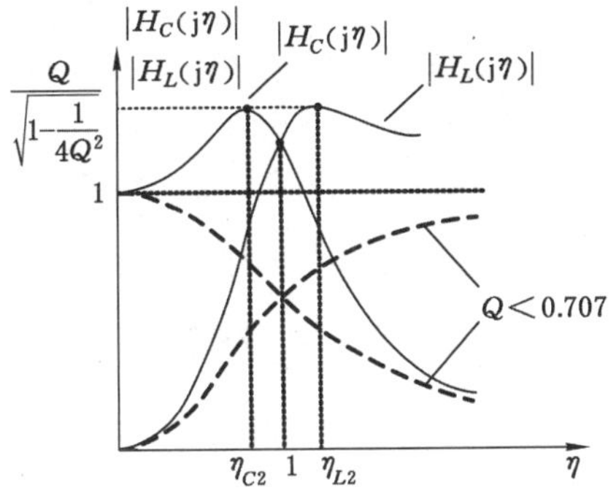

图 1-11　$H_L(j\eta)$、$H_C(j\eta)$ 的幅频特性

图中虚线表示 $Q \leqslant 0.707$ 时的幅频特性。由图可以看出，$H_C(j\eta)$ 为低通函数，当 $Q \gg 1$ 时，可求得上截止频率 $\omega_1 = 1.55\omega_0$，其通带频域为 $0 \leqslant \omega \leqslant \omega_1$；$H_L(j\eta)$ 为高通函数，当 $Q \gg 1$ 时，可求得下截止频率 $\omega_1 = \frac{\omega_0}{1.55} = 0.664\omega_0$，其通带频域为 $\omega_1 \leqslant \omega < \infty$；当 $Q > 0.707$ 时，两者都有大于 Q 且有相等的峰值，当 Q 增大时，η_{C2} 和 η_{L2} 都向 $\eta = 1$ 靠拢。

1.2　RLC 并联谐振电路

1.2.1　RLC 并联电路

(1) RLC 并联谐振的条件

图 1-12 为 RLC 并联电路，在正弦电流源激励下，该电路的复导纳为

$$Y = G + j(\omega C - \frac{1}{\omega L}) = G + j(B_C - B_L) = G + jB \tag{1-39}$$

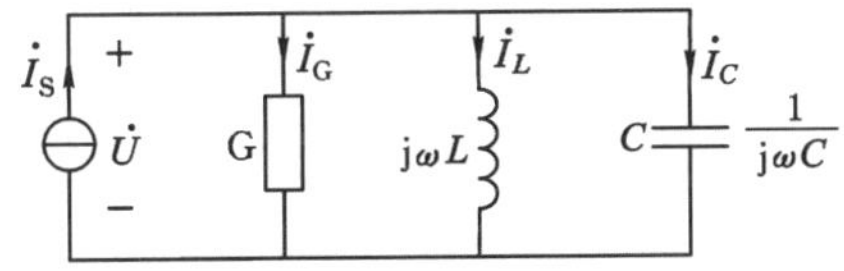

图 1-12　RLC 并联电路

当 $B_L = B_C$，即 $B = 0$ 时，电流和电压将同相位，此时并联电路就发生了谐振。所以谐振条件为

$$B=0 \text{ 即 } B_L=B_C$$

$$\omega_0 C=\frac{1}{\omega_0 L} \tag{1-40}$$

其谐振角频率为

$$\omega_0=\frac{1}{\sqrt{LC}} \tag{1-41}$$

谐振频率为

$$f_0=\frac{1}{2\pi\sqrt{LC}} \tag{1-42}$$

谐振时电路的相量图如图 1-13 所示。

(2) 并联谐振电路的特征

① 电路导纳为纯电导,导纳值$|Y|$最小。

$$|Y|=\sqrt{G^2+(\omega C-\frac{1}{\omega L})^2} \tag{1-43}$$

$|Y|$与 ω 的关系曲线如图 1-14 所示。

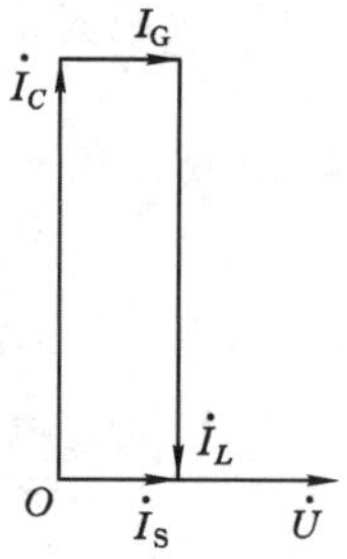

图 1-13 RLC 并联谐振的相量图

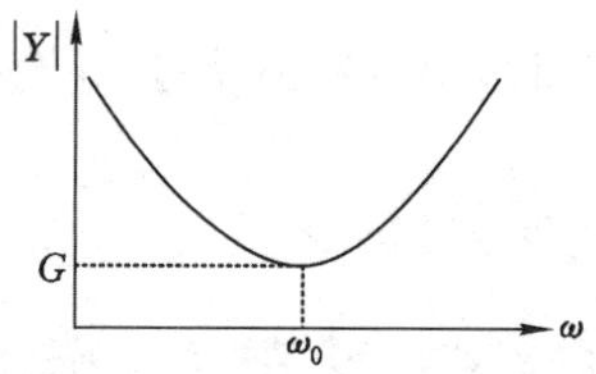

图 1-14 $|Y|$与 ω 的关系曲线

由图可以看出,谐振时$|Y|$达到最小,$Y=G$。

② 谐振时,端电压达到最大,且与电流同相。

$$\dot{U}=\frac{\dot{I}_S}{Y}=\frac{\dot{I}_S}{G+j(\omega C-\frac{1}{\omega L})} \tag{1-44}$$

$$U(\omega)=\frac{I_S}{\sqrt{G^2+(\omega C-\frac{1}{\omega L})^2}} \tag{1-45}$$

$U(\omega)$ 与 ω 的关系曲线如图 1-15 所示。

当 $\omega=\omega_0$ 时,$U(\omega)=I_S/G$,达到最大。可以根据这一特性,判断电路是否发生了谐振。

③ L、C 上电流大小相等,方向相反,有效值为电流源的 Q 倍,也称为电流谐振。即

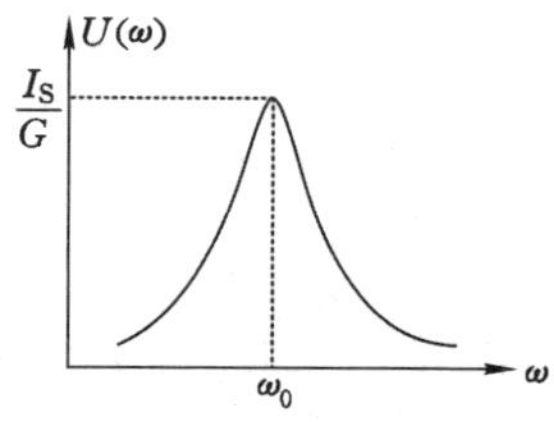

图 1-15 $U(\omega)$ 与 ω 的关系曲线

$$\dot{I}_C = j\omega_0 C\dot{U} = j\omega_0 C\frac{\dot{I}_S}{G} = jQ\dot{I}_S \tag{1-46}$$

$$\dot{I}_L = \frac{\dot{U}}{j\omega_0 L} = -j\omega_0 C\frac{\dot{I}_S}{G} = -jQ\dot{I}_S \tag{1-47}$$

$$I_L(\omega_0) = I_C(\omega_0) = QI_S \tag{1-48}$$

品质因数为

$$Q = \frac{\omega_0 C}{G} = \frac{1}{\omega_0 GL} = \frac{1}{G}\sqrt{\frac{C}{L}} \tag{1-49}$$

④ 谐振时的功率

谐振时，有功功率为

$$P = UI = U^2/G \tag{1-50}$$

电路中的无功功率

$$Q = UI_S\sin\varphi = Q_L + Q_C = 0 \tag{1-51}$$

$$Q_L = \frac{1}{\omega_0 L}U^2 \tag{1-52}$$

$$Q_C = -\omega_0 CU^2 \tag{1-53}$$

上式表明：L 和 C 之间交换能量，它们不与电源交换能量。

⑤ 谐振时的能量

$$\begin{aligned} W(\omega_0) &= W_L(\omega_0) + W_C(\omega_0) = \frac{1}{2}LI_L^2 + \frac{1}{2}CU^2 \\ &= \frac{1}{2}LQ^2I_S^2 + \frac{1}{2}CR^2I_S^2 = LQ^2I_S^2 \end{aligned} \tag{1-54}$$

总能量为一常数。

1.2.2　电感线圈与电容的并联谐振电路

工程上常采用电感线圈和电容并联的谐振电路，如图 1-16 所示。其中电感线圈用 R 和 L 串联组合表示。

(1) 谐振条件

对图 1-16 所示的电路，其导纳为

$$Y = \frac{1}{R + j\omega L} + j\omega C = \frac{R}{R^2 + (\omega L)^2} + j\left[\omega C - \frac{\omega L}{R^2 + (\omega L)^2}\right] = G_{eq} + jB_{eq} \tag{1-55}$$

当电路发生谐振时，$\dot{U}$ 和 $\dot{I}_S$ 同相位。这时 Y 的虚部应为 0，即 $B_{eq}=0$。因而发生谐

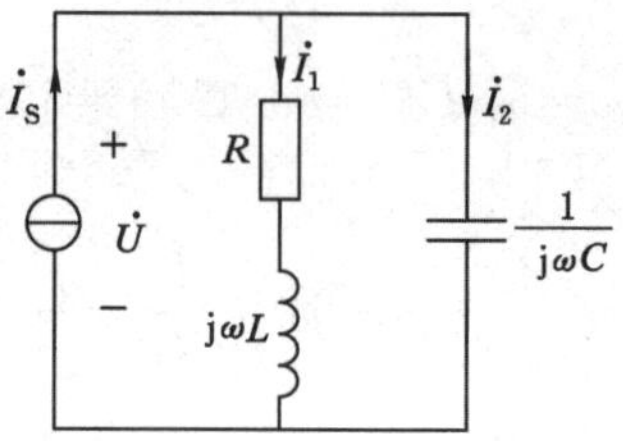

图 1-16　电感线圈与电容并联电路

振的条件为

$$\omega_0 C-\frac{\omega_0 L}{R^2+(\omega_0 L)^2}=0 \tag{1-56}$$

可解得谐振角频率为

$$\omega_0=\sqrt{\frac{1}{LC}-(\frac{R}{L})^2} \tag{1-57}$$

谐振频率为

$$f_0=\frac{1}{2\pi}\sqrt{\frac{1}{LC}-(\frac{R}{L})^2} \tag{1-58}$$

注意：① 电感线圈与电容并联电路发生谐振是有条件的，在电路参数一定时，满足 $\frac{1}{LC}-\left(\frac{R}{L}\right)^2>0$，即 $R<\sqrt{\frac{L}{C}}$ 时，可以发生谐振。

② 一般线圈电阻 $R\ll \omega L$，则等效导纳为

$$Y=\frac{R}{R^2+(\omega L)^2}+\mathrm{j}[\omega C-\frac{\omega L}{R^2+(\omega L)^2}]\approx\frac{R}{(\omega L)^2}+\mathrm{j}\left(\omega C-\frac{1}{\omega L}\right) \tag{1-59}$$

此时，谐振角频率 $\omega_0\approx\frac{1}{\sqrt{LC}}$。

③ 等效电路如图 1-17 所示，其中 $R_e=\frac{1}{G_e}\approx\frac{(\omega L)^2}{R}$

④ 品质因数

$$Q=\frac{\omega_0 C}{G_e}=\frac{\omega_0 C}{R/(\omega_0 L)^2}=\frac{\omega_0^3 CL^2}{R}=\frac{\omega_0 L}{R} \tag{1-60}$$

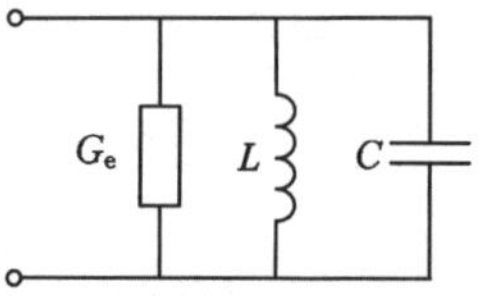

图 1-17　电感线圈与电容并联电路的等效电路

(2) 谐振电路的特征

① 电路发生谐振时，呈现高阻抗，且为纯电阻。

$$Z(\omega_0)=\frac{R^2+(\omega_0 L)^2}{R}\approx\frac{(\omega_0 L)^2}{R}=\frac{L}{RC}=Q^2 R \tag{1-61}$$

当 $Q \gg 1$ 时，由上式可看出 $Z(\omega_0) \gg R$。实际应用的谐振电路，其 Q 值一般很大，可达到几十到几百，所以，谐振时的阻抗可以达到很高的数值。这可以满足电子电路的高阻抗要求，故获得广泛应用。例如收音机的中频放大电路，电视机伴音通道中的谐振放大电路都采用了并联谐振电路。

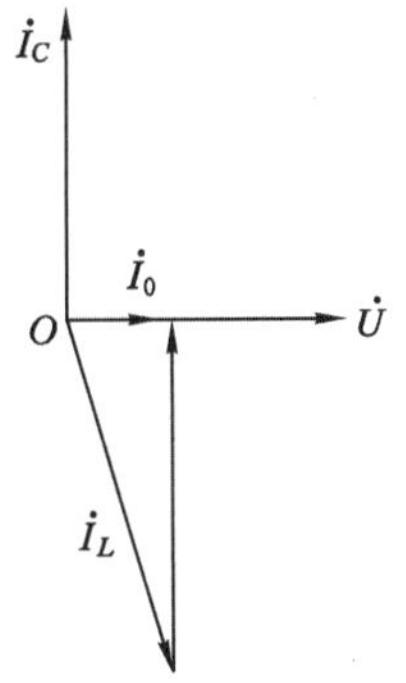

图 1-18　谐振电路相量图

② 电流一定时，电路两端呈现高电压。

$$U_0 = ZI_0 = I_0 \frac{L}{RC}$$

③ 电感、电容支路的电流接近相等，且为总电流的 Q 倍。谐振电路的相量图如图 1-18 所示。

设

$$R \ll \omega L \ ,I_L \approx I_C \approx \frac{U}{\omega_0 L} = U\omega_0 C \tag{1-62}$$

$$\frac{I_L}{I_0} = \frac{I_C}{I_0} = \frac{U/\omega_0 L}{U/(RC/L)} = \frac{1}{\omega_0 RC} = \frac{\omega_0 L}{R} = Q \tag{1-63}$$

从而得出

$$I_L \approx I_C = QI_0 \gg I_0 \tag{1-64}$$

［例 1-4］　如图 1-19 所示，$R = 10\ \Omega$ 的线圈，品质因数 $Q = 100$，与电容接成并联谐振电路，如果再并上一个 100 kΩ 的电阻，电路的品质因数是多少？

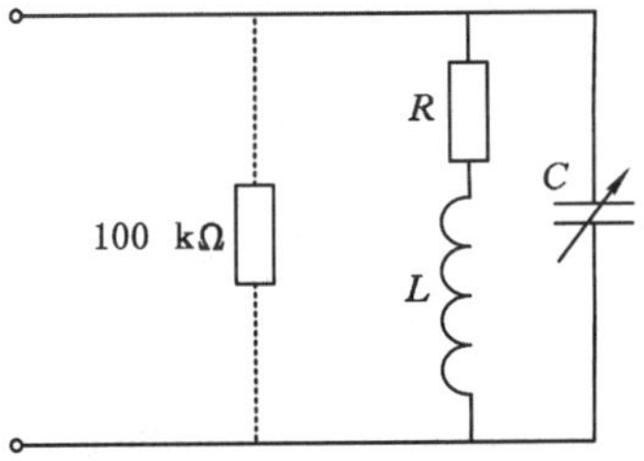

图 1-19　例 1-4 图

解

$$Q = 100 = \frac{\omega_0 L}{R}$$

由此可得

$$\omega_0 L = RQ = 1\ 000\ \Omega \gg R$$

$$R_e \approx \frac{(\omega_0 L)^2}{R} = \frac{10^6}{10} = 100\ (\text{k}\Omega)$$

等效电路为：

$R_{eq}=100/2=50$ (kΩ)

$$\therefore\quad Q'=\frac{R_{eq}}{\omega_0 L}=\frac{50\times10^3}{100}=50$$

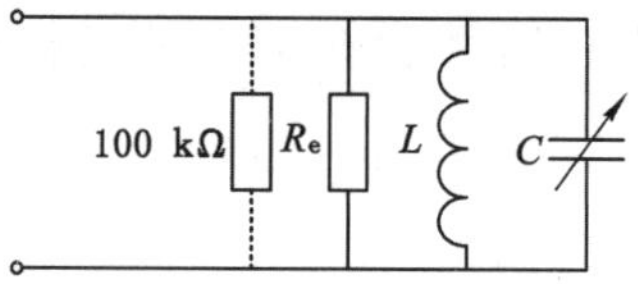

图 1-20 例 1-4 等效电路图

1.3 *RLC* 谐振电路的应用

谐振电路具有广泛的应用,特别是在通信系统中,本节将简要介绍一些常见的通信系统的应用,目的是说明谐振电路在电子通信中的重要性。

1.3.1 调谐放大器

基本调谐带通放大器的电路如图 1-21 所示。

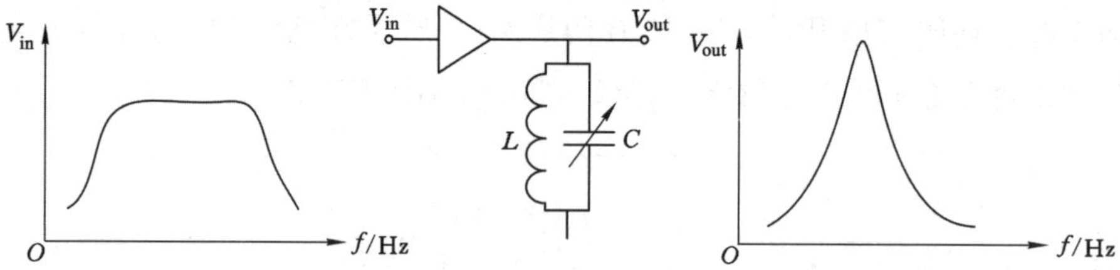

图 1-21 基本调谐带通放大器

并联谐振电路与放大器联合起来使用可实现选频。放大器在通带工作时,输入端输入较宽频率范围的信号,并对其进行放大,而谐振电路只允许较窄的频带通过。可变电容器可以对输入频率进行调谐,以选择出符合频率要求的信号。

1.3.2 接收机的无线输入

无线信号的谐振耦合电路如图 1-22 所示。

无线信号由发射机通过电磁波发射并在大气中传播,天线会感应出电压信号。图 1-22 的电路可以从接收的较大频率范围信号内选取某一个频率或者一个较窄频带的信号。可变电容器接在变压器的次级线圈端,以构成并联谐振电路。

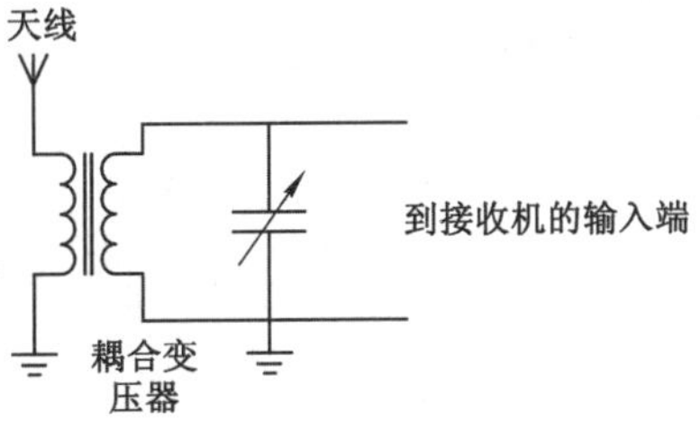

图 1-22　天线信号的谐振耦合

1.3.3　接收机的双调谐变压器耦合

双调谐放大器的电路如图 1-23 所示。

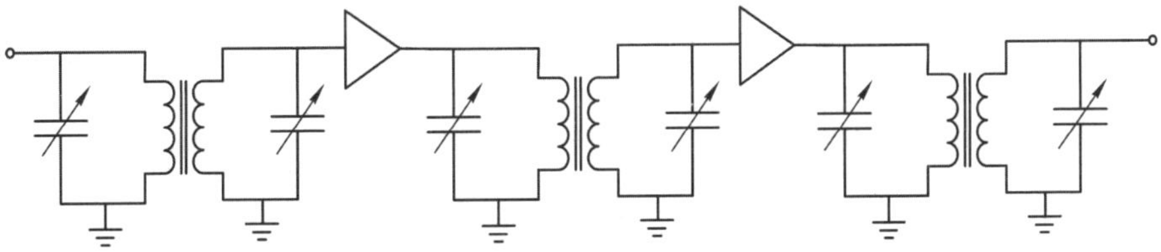

图 1-23　双调谐放大器

某些类型的通信接收机中，调谐放大器与变压器耦合在一起，以提高放大倍数。电容器与变压器的初级线圈和次级线圈并联，建立起两个相互耦合的并联谐振带通谐波器，如图 1-23 所示。这种电路可以得到较宽的带宽和较陡的响应曲线，因此选频性更好。

1.4　*RLC* 串联谐振实验

1.4.1　实验目的

(1) 学会正确使用仪器仪表以及一些常用的电工实验设备；

(2) 学习合理布局实验线路并进行正确焊接，能分析排除简单故障；

(3) 认真观察实验现象，正确地读出读数并加以检查和判断；

(4) 正确地运用实验手段来验证有关定理和结论；

(5) 要求具有根据实验任务确定实验方案、设计线路和选择仪器仪表的初步能力。

1.4.2 实验参考电路及工作原理

实验参考电路如图 1-24 所示，在 RLC 串联电路中，当信号源U_S 的频率 f 改变时，电路中的电流 I 也随之而变。电路中电压与电流随频率变化的特性称为幅频特性。取电阻 R 上的电压 U_o 作为响应，当输入电压U_S 的幅值维持不变时，在不同频率 f 的信号激励下，测出U_o 之值，然后以 f 为横坐标，以U_o 为纵坐标(U_o 与 I 成正比)，绘出光滑的曲线，此即为幅频特性曲线，亦称谐振曲线，如图 1-25 所示。

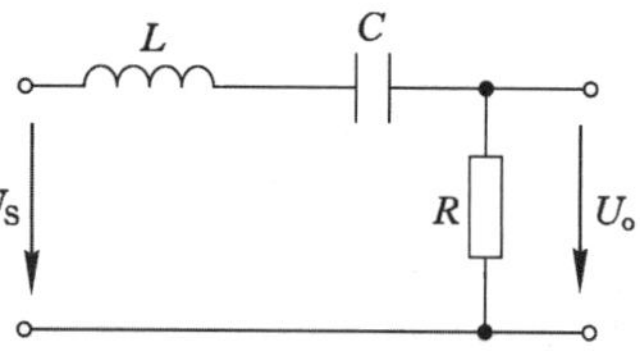

图 1-24 RLC 串联电路

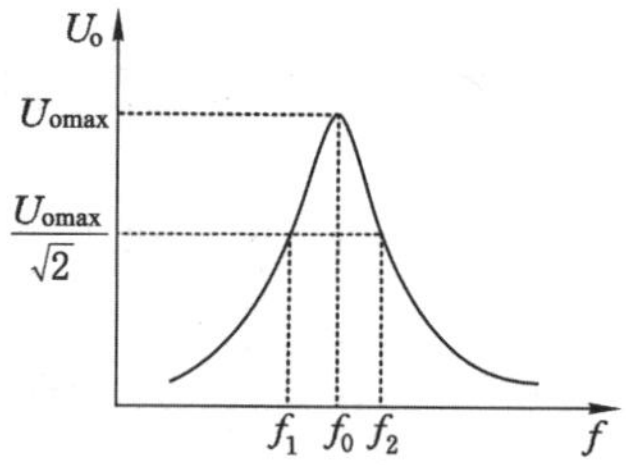

图 1-25 幅频特性曲线

在 $f=f_0=\dfrac{1}{2\pi\sqrt{LC}}$ 处，即幅频特性曲线尖峰所在的频率点称为谐振频率，谐振频率仅与元件 L、C 的数值有关，而与电阻 R 和激励电源的角频率 ω 无关。当 $\omega<\omega_0$ 时，电路呈容性，阻抗角 $\varphi<0$；当 $\omega>\omega_0$ 时，电路呈感性，阻抗角 $\varphi>0$。谐振时，$X_L=X_C$，电路呈纯阻性，电路阻抗的模最小。在输入电压U_S 为定值时，电路中的电流达到最大值，且与输入电压U_S 同相位。

工程中将谐振电路的品质因数定义为 $Q=\dfrac{\omega_0 L}{R}=\dfrac{1}{\omega_0 CR}=\dfrac{1}{R}\sqrt{\dfrac{L}{C}}$。串联谐振时，$U_S=U_o$，$U_L$ 或U_C 是输入电压U_S 的 Q 倍，即$U_L=U_C=QU_S=QU_o$。

1.4.3 实验注意事项

1. 覆铜板的介绍

多孔覆铜板又称万用板。通常其板上布满标准的间距为 2.54 mm 的圆形独立焊盘，看起来整个板子上都是小孔，所以也俗称为“洞洞板”。常见的洞洞板主要有绿油板、喷锡板和电木板三种，如图 1-26 所示。

焊接成品图如图 1-27 所示。常见焊接工具有：电烙铁、吸锡器、焊锡丝、助焊剂。

焊接注意事项：

① 先在多孔覆铜板上按设计电路插接元件。注意元件布局，元件要稳定，不可留

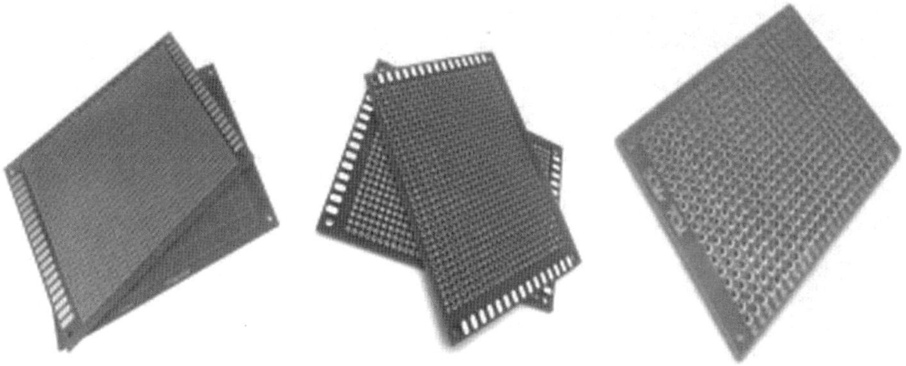

(a) 绿油板　　　(b) 喷锡板　　　(c) 电木板

图 1-26　常见洞洞板类型

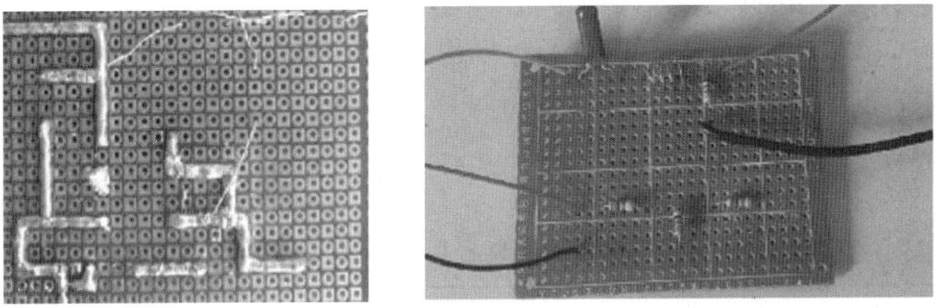

图 1-27　焊接成品图

太高。

② 在覆铜面进行焊接，元件多出来的引脚线要作为“走线”合理利用，将多出来的引脚线剪掉。

③ 合理焊接测试线、电源线。

2. 注意事项

① 实验器材由实验指导教师登记发放，如果遇到损坏的器件应找老师申请更换。

② 测试频率应在靠近谐振频率附近多选取几点。

③ 每次变换频率后，应调整信号源输出电压，使其维持在 1 V。

④ 在将信号源、示波器、交流毫伏表接入电路中测量时一定要“共地”。

⑤ 电路组装完成后要反复检查才能通电测试！

⑥ 实验电路连接、测试好后，可用手机拍照，作为实验过程记录留存。

⑦ 实验完成后整理好实验台，可继续使用的元器件上交指导教师并做好记录，已损坏的元器件不要混在其中，以免影响其他同学使用。

1.4.4 实验内容及测试结果分析

按图 1-24 在覆铜板上焊接电路，选 $C=1\ \mu\text{F}$，$L=10\ \text{mH}$，R 分别取 51 Ω 和 120 Ω，用交流毫伏表测电压，用示波器监视信号源输出。令信号源输出电压 $U_S=1\ \text{V}$，并始终保持不变。

1. *确定谐振频率，绘制幅频特性曲线*

用两种不同的方法确定电路的谐振频率 f_0：

（1）维持信号源的输出幅度不变，令信号源的频率由小逐渐变大，测量 R 两端的电压 U_o，当 U_o 的读数为最大时，读得的频率值即为电路的谐振频率 f_0。

（2）根据电路发生谐振时，输入信号电压和电阻电压相位一致的特性，将这两路信号分别接入示波器的两个通道。调节信号源频率，使得两个通道电压波形的相位差为零，此时信号源的频率值即为电路的谐振频率 f_0。

确定好谐振频率后，在谐振点两侧，按频率递增或递减 300 Hz，依次各取 5 个测量点，逐点测出 U_o 的值，记入数据表格 1-3 中。

表 1-3

f/kHz						f_0					
U_o/V											
U_L/V											
$U_S=1\ \text{V}, C=1\ \mu\text{F}, R=51\ \Omega, f_0=$　　$, f_2-f_1=$　　$, Q_1=$　　$, Q_2=$											

改变 R 的值，按上述步骤测量数值，记入表 1-4 中。

表 1-4

f/kHz						f_0					
U_o/V											
U_L/V											
$U_S=1\ \text{V}, C=1\ \mu\text{F}, R=120\ \Omega, f_0=$　　$, f_2-f_1=$　　$, Q_1=$　　$, Q_2=$											

根据所测数据，绘制 U_o-f 曲线，即幅频特性曲线。思考改变哪些参数会影响电路的谐振频率；比较实验数据和理论数据，分析误差原因。

2. *用示波器观察波形*

取三个不同频率点，分别用示波器观察 U_o 与 U_S 的相位关系并绘制波形，填入

表 1-5，并分析电路的特性。

表 1-5

	$f<f_0$	$f=f_0$	$f>f_0$
U_o 与 U_S 波形			

3. 确定品质因数 Q

电路品质因数 Q 值的两种测量方法：

① 根据公式 $Q=\dfrac{U_L}{U_o}=\dfrac{U_C}{U_o}$ 测定 Q（U_L 和 U_C 分别为谐振时电容器 C 和电感线圈 L 上的电压），填入表 1-5、表 1-4 中。

② 通过测量谐振曲线的通频带宽度 $\Delta f=f_2-f_1$，再根据 $Q=\dfrac{f_0}{\Delta f}$ 求出 Q_2 值[式中 f_0 为谐振频率，f_2 和 f_1 是失谐时输出电压的幅度下降到最大值的 $\dfrac{1}{\sqrt{2}}$(0.707) 倍时的上、下频率点]，填入表 1-3、表 1-4 中。

对比上述两种不同的测量方法，比较分析误差原因。

1.5 实验总结报告

每个项目的理论课和实验课都完成后写出完整的实验总结报告。报告用标准实验报告纸撰写，内容包括相关的理论课程内容，但重点是实验过程记录及实验结果分析、课程总结、收获与体会、对课程的建议等。

第 2 章　有源二端网络等效变换与实验测试

2.1　实验目的

(1) 掌握戴维宁定理和诺顿定理及其应用；

(2) 掌握测量有源二端网络等效参数的一般方法；

(3) 设计一个有源二端网络；

(4) 测量有源二端网络的等效参数；

(5) 验证戴维宁定理的正确性，加深对该定理的理解；

(6) 观测网络等效变换的外部等效与内部差异(主要是功率消耗)，理解“等效电路是对外等效、对内不等效”的概念。

2.2　相关定理

工程实际中，常常碰到只需研究某一支路的电压、电流或功率的问题。对所研究的支路来说，则可将电路的其余部分看作一个有源二端网络，也称之为单口网络。有源二端网络可等效变换为较简单的含源支路(电压源与电阻串联或电流源与电阻并联支路)，使分析和计算简化。戴维宁定理和诺顿定理正是给出了等效含源支路及其计算方法。

2.2.1　戴维宁定理

戴维宁定理(或译戴维南定理)又称等效电压源定理，其内容是：任何一个含有独立电源、线性电阻和线性受控源的一端口网络，对外电路来说，可以用一个电压源(u_{oc})和电阻R_i 的串联组合来等效置换；此电压源的电压等于外电路断开时端口处的开路电压，而电阻等于一端口中全部独立电源置零后的端口等效电阻。定理内容如图 2-1 所示。

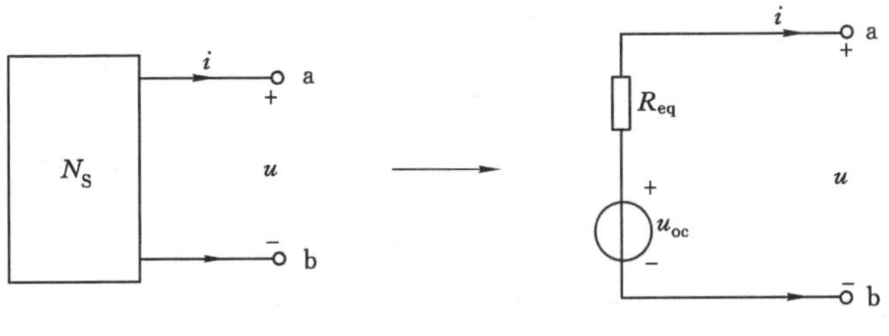

图 2-1　戴维宁定理

戴维宁等效电路中电压源电压等于将外电路断开时的开路电压u_{oc}，电压源方向与所求开路电压方向有关，计算u_{oc} 的方法视电路形式选择。

等效电阻为将一端口网络内部独立电源全部置零(电压源短路，电流源开路)后，所得不含独立源一端口网络的输入电阻。常用下列方法计算：

① 当网络内部不含有受控源时，可采用电阻串并联和Δ-Y 互换的方法计算等效电阻。

② 外加电源法。

外加电源法包括加压求流法和加流求压法，其示意图如图 2-2 所示。

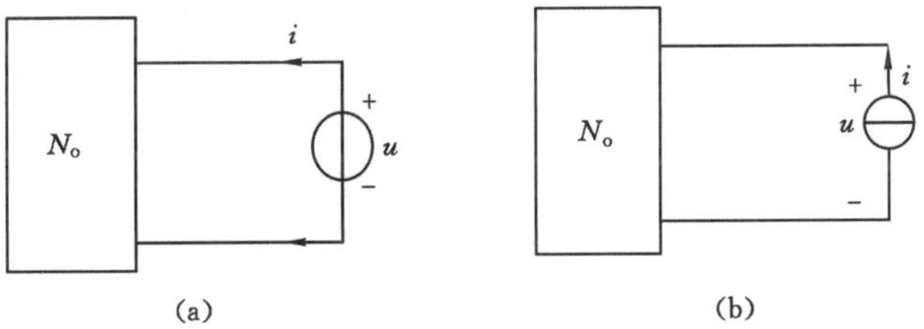

图 2-2　外加电源法求R_{eq}

加压求流法如图 2-2(a)所示，是将有源线性一端口网络 N_S 内部独立源全部置零后，变为无源线性一端口网络 N_o，在端口加电压源 u ，求端口电流 i。加流求压如图 2-2(b)所示，是在端口加电流源 i，求端口电压 u，则R_{eq} 为

$$R_{eq}=\frac{u}{i} \tag{2-1}$$

③ 开路电压-短路电流法。

开路电压短路示意图如图 2-3 所示。

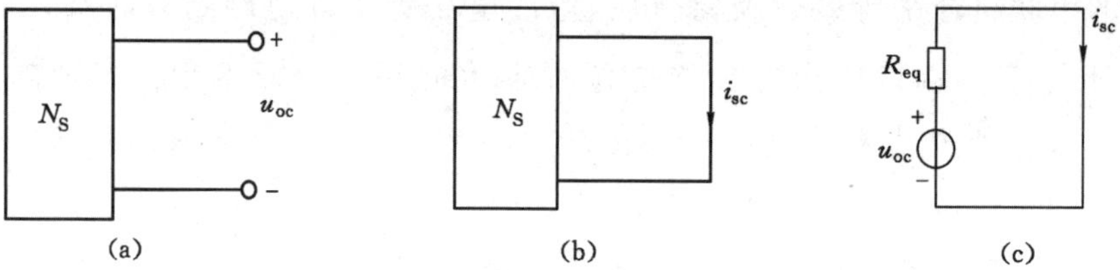

图 2-3 开路电压短路电流法

开路电压短路电流法先将外电路断开，如图 2-3(a)所示，求出端口的开路电压 u_{oc}；然后将端口短路，如图 2-3(b)所示，求出端口的短路电流 i_{sc}；由图 2-3(c)所示电路可得：

$$R_{eq}=\frac{u_{oc}}{i_{sc}} \tag{2-2}$$

方法①适用于不含受控源的线性电阻网络，方法②、③适用于任何线性有源一端口网络，故更具一般性。

[例 2-1] 电路如图 2-4(a)所示，已知 $U_1=40$ V，$U_2=20$ V，$R_1=R_2=4\ \Omega$，$R_3=13\ \Omega$，试用戴维宁定理求电流 I_3。

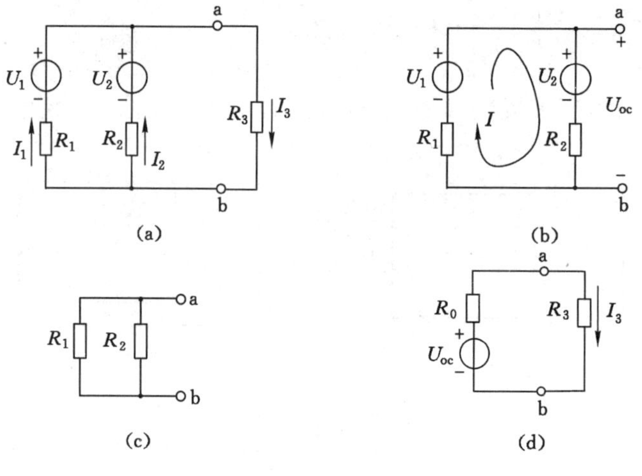

图 2-4 例 2-1 图

解 (1) 断开待求支路求开路电压 U_{oc}

电路如图 2-4(b)所示。

$$I=\frac{U_1-U_2}{R_1+R_2}=\frac{40-20}{4+4}=2.5\ \text{A} \tag{2-3}$$

$$U_{oc}=U_2+IR_2=20+2.5\times 4=30\ \text{V} \tag{2-4}$$

或 $$U_{oc}=U_1-IR_1=40-2.5\times 4=30\ \text{V}$$

U_{oc} 也可用叠加原理等其他方法求出。

(2) 求等效电阻 R_{eq}

将所有独立电源置零(理想电压源用短路代替,理想电流用开路代替),电路如图 2-4(c)所示。

$$R_{eq}=\frac{R_1\times R_2}{R_1+R_2}=2\ \Omega \tag{2-5}$$

(3) 画出等效电路求电流 I_3

等效电路如图 2-4(d)所示。

$$I_3=\frac{U_{oc}}{R_0+R_1}=\frac{30}{2+13}=2\ \text{A} \tag{2-6}$$

[例 2-2]　电路如图 2-5 所示,分别求 AB、BC、AC 三个端口的戴维宁等效电路。

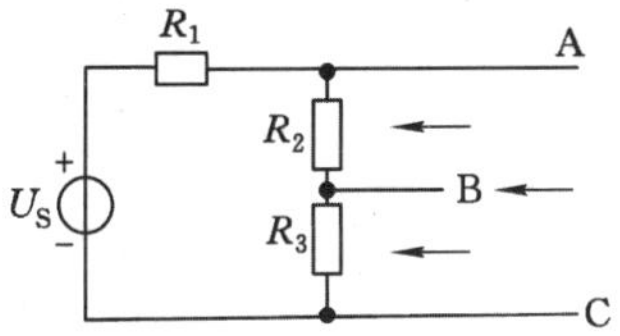

图 2-5　例 2-2 图

解　若从 AB 端口等效,则

$$u_{oc}=\frac{U_S R_2}{R_1+R_2+R_3},R_{eq}=\frac{R_2(R_1+R_3)}{R_1+R_2+R_3} \tag{2-7}$$

若从 BC 端口等效,则

$$u_{oc}=\frac{U_S R_3}{R_1+R_2+R_3},R_{eq}=\frac{R_3(R_1+R_2)}{R_1+R_2+R_3} \tag{2-8}$$

若从 AC 端口等效,则

$$u_{oc}=\frac{U_S(R_2+R_3)}{R_1+R_2+R_3},R_{eq}=\frac{R_1(R_2+R_3)}{R_1+R_2+R_3} \tag{2-9}$$

总结:从本例题可看出,戴维宁等效电路不仅与电路有关,还与输出的端口有关。

2.2.2　诺顿定理

诺顿定理:任何一个含独立电源,线性电阻和线性受控源的一端口,对外电路来说,可以用一个电流源和电导(电阻)的并联组合来等效置换;电流源的电流等于该一端口的短路电流,而电导(电阻)等于把该一端口的全部独立电源置零后的输入电导(电阻)。

如图 2-6 所示。

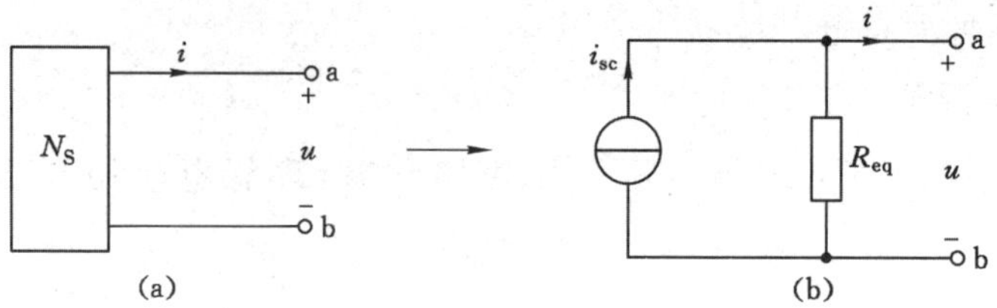

图 2-6 诺顿定理

诺顿等效电路中电流源电流等于将外电路短路时的短路电流i_{sc},方向与所求短路电流方向相反,等效电阻等于一端口全部独立源置零后的端口等效电阻R_{eq}。

求诺顿等效电路的方法有两种:

(1) 用戴维宁等效电路变换

如图 2-7 所示,可根据电源的等效变换求得诺顿等效电路。

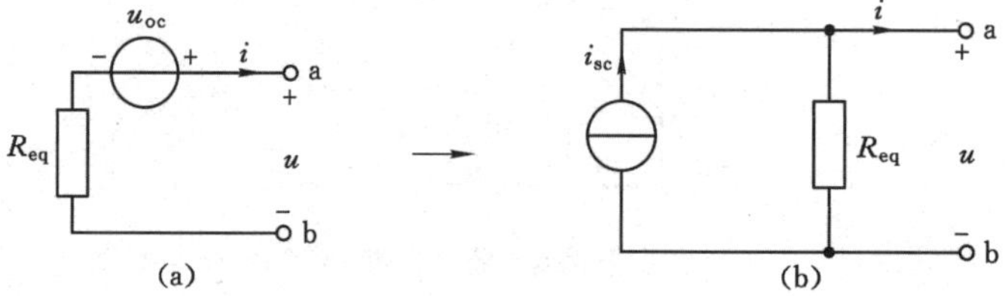

图 2-7 用戴维宁等效电路求诺顿等效电路

图 2-7 中i_{sc} 电流为

$$i_{sc}=\frac{U_{oc}}{R_{eq}} \tag{2-10}$$

(2) 直接求 i_{sc}、R_{eq}

直接求端口的短路电流i_{sc} 和有源端口网络置零后的等效电阻R_{eq},即可得到其诺顿等效电路。

求短路电流i_{sc} 的电路示意图如图 2-8 所示,直接将端口短路,用前面学过的任意方法,求出电流i_{sc} 即可。

等效电阻R_{eq} 的求法与戴维宁等效电路中等效电阻的求法相同。

2.2.3 注意事项

(1) 戴维宁定理只对外电路等效,对内电路不等效。也就是说,不可用该定理求出等效电源电动势和内阻之后,又返回来求原电路(即有源二端网络内部电路)的电流和功率。

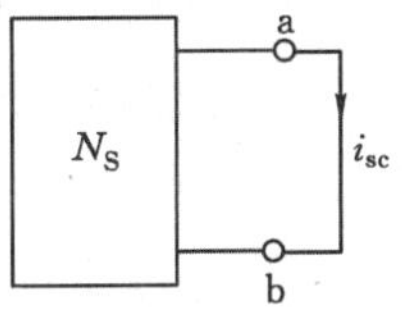

图 2-8　求短路电流 i_{sc}

(2) 应用戴维宁定理进行分析和计算时，如果待求支路后的有源二端网络仍为复杂电路，可再次运用戴维宁定理，直至其成为简单电路。

(3) 戴维宁定理只适用于线性的有源二端网络。如果有源二端网络中含有非线性元件时，则不能应用戴维宁定理求解。

(4) 戴维宁定理和诺顿定理的适当使用将会大大简化电路。

2.3　定理应用举例

2.3.1　万用表欧姆挡等效电路

图 2-9(a)为 MF-30 型万用表测量电阻的电路原理图，试用戴维宁定理求电表测量电阻时的电流 I。

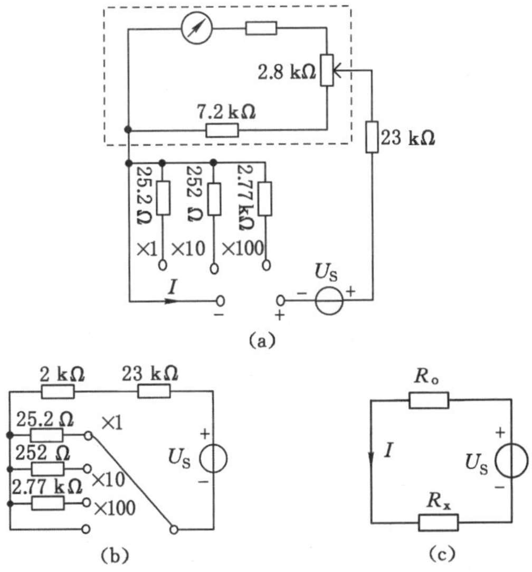

图 2-9　万用表测电阻的电路图

解　万用表电阻挡可用来测量二端元件电阻值，对于不同的电阻，其量程分为×1、

×10、×100、×1k 等挡，用旋钮进行转换。在测量电阻时，将旋钮打到合适挡位，然后进行调零。调零时将两表针短接，调节调零旋钮，使指针指在零处（此时电流表电流为指针满偏的电流），其原因是：每次换挡后，电表内阻会变化，造成内部电流变化，这时流经内部电流表的电流就会变化。故调节欧姆调零电阻 R_P，使流经电流表的电流为最大满偏电流。

图 2-9(a)是一个含源一端口网络，可用戴维宁定理来简化电路分析。

先将图中虚线部分用一个电阻等效，假设这时滑动变阻器的滑动端位于最上端，这时等效电阻为 2 kΩ，其等效电路如图 2-9(b)所示。进一步将其简化为图 2-9(c)所示电路。

电流表的满偏电流为

$$I_{max}=\frac{U_S}{R_o} \tag{2-11}$$

当外接被测电阻 R_x 时，流经电流表的电流为

$$I=\frac{U_S}{R_o+R_x}=\frac{R_o}{R_o+R_x}\cdot\frac{U_o}{R_o}=\frac{1}{1+\frac{R_x}{R_o}}I_{max} \tag{2-12}$$

从上式可看出，I 与电阻 R_x 一一对应，因此可由读数得到电阻值。

$$R_x=(\frac{I_{max}}{I}-1)R_o$$

2.3.2 放大电路静态工作点分析

以放大电路的设计为例，图 2-10 所示电路要做到不失真地将输入电压或电流放大，就必须保证晶体管 T 工作在线性放大区。

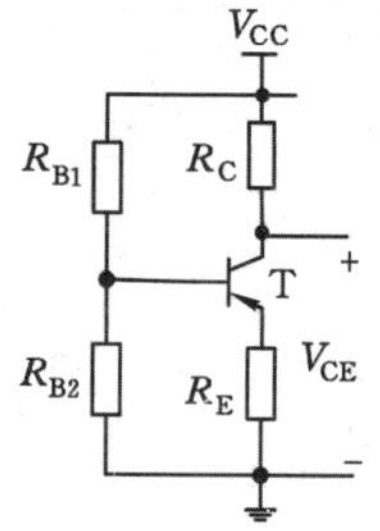

图 2-10　单管放大电路图

这可以采用偏置电路设置晶体管 T 的静态工作点来实现，其静态工作点（即 I_{BQ}，I_{CQ}，V_{CEQ}）的近似计算如下：

$$V_{BQ} \approx \frac{R_{B2}V_{CC}}{R_{B1}+R_{B2}} \tag{2-13}$$

$$I_{EQ}=\frac{V_{BQ}-V_{BEQ}}{R_E} \approx I_{CQ} \tag{2-14}$$

$$V_{CEQ} \approx V_{CC}-I_{CQ}(R_C+R_E) \tag{2-15}$$

上述近似计算有一定误差，可将图 2-11(a)的网络 A 进行等效变换，其戴维宁等效电路如图 2-11(b)所示。

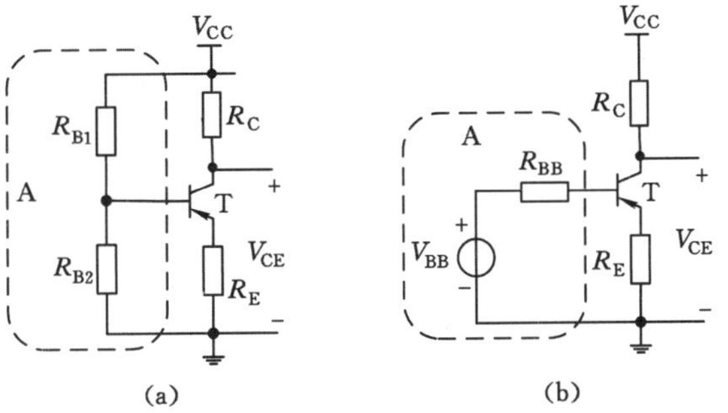

图 2-11　单管放大电路静态工作点的精确计算

网络 A 的戴维宁等效电路中

$$V_{BB}=\frac{R_{B2}V_{CC}}{R_{B1}+R_{B2}} \tag{2-16}$$

$$R_{BB}=\frac{R_{B1}R_{B2}}{R_{B1}+R_{B2}} \tag{2-17}$$

由此可得到晶体管 T 的静态工作点

$$I_{BQ}=\frac{V_{BB}-V_{BEQ}}{R_{BB}+(1+\beta)R_E} \tag{2-18}$$

$$I_{EQ}=(1+\beta)I_{BQ} \approx I_{CQ} \tag{2-19}$$

$$V_{CEQ} \approx V_{CC}-I_{CQ}(R_C+R_E) \tag{2-20}$$

2.3.3 电池的等效电路模型

电池内部的化学反应非常复杂，具有高度的非线性，且其性能受电流、电压、温度、剩余电量、内阻、循环工作次数和自放电等多种因素影响。因此建立一个能精确描述电池性能的模型非常困难。国内外的专家学者对电池性能模型进行了大量研究，取得了一些研究成果。目前，等效电路模型、神经网络模型和简化的电化学模型等电池模型应用较为广泛。

电池的等效电路模型是对电池的动态特性运用电压源、电阻和电容等构成的电路进行描述。这种模型物理意义明确，可表示为状态方程的形式，能方便地进行数学分析，因此等效电路模型在电动汽车中应用最为广泛。目前，内阻模型、戴维宁模型和PNGV模型等在实际中有较多的应用。

（1）内阻模型

图 2-12 所示为内阻等效电路模型，又称为内阻模型。该模型将电池等效为电压源与电阻串联，是最简单的等效电路模型。

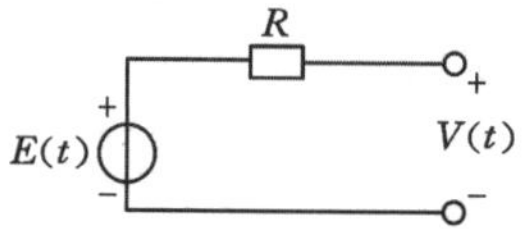

图 2-12　电池的内阻等效电路模型

（2）戴维宁模型

图 2-13 所示为戴维宁等效电路模型。该模型考虑了电池的容性和阻性。图 2-13 中的 $E(t)$ 为电池电动势；R_o 为电池的欧姆内阻；$V(t)$ 代表电池负载电压；R_p 表示极化内阻，C_p 则为极化电容，该模型将二者并联来描述电池的极化特性。

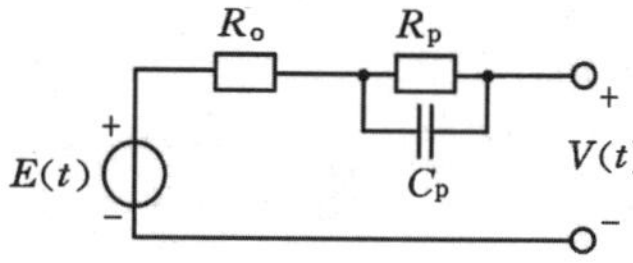

图 2-13　电池的戴维宁等效电路模型

（3）PNGV 模型

图 2-14 所示为 PNGV 等效电路模型。该模型在戴维宁等效电路模型的基础上，增加了一个电容，以反映电流随时间累积对开路电压的影响。

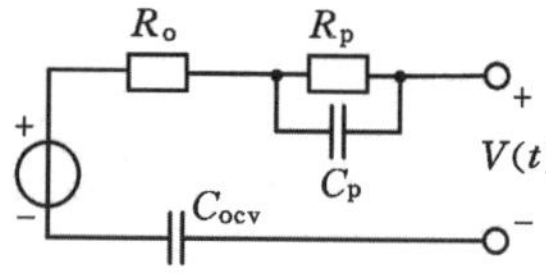

图 2-14　电池的 PNGV 等效电路模型

2.3.4　太阳能电池的等效电路模型

太阳能电池是利用材料的光生伏特效应直接将太阳能变成电能的器件。在光伏发电工程实际应用中，受太阳能电池制造工艺的制约，单位太阳能电池的输出功率极为有限，大多数光伏发电系统同时采用大量的电池以串、并联方式构成光伏组件，通过光伏组件的级联组成光伏阵列，用以实现光能-电能转换。因此，太阳能电池是光伏发电系统收集阳光、转换电能的基本单位。图2-15为硅太阳能电池的结构示意图。当太阳能电池表面PN结受到光照射时，当入射光子能量大于半导体材料禁带宽度E_g时，则在P区、N区和结区光子被吸收，产生电子-空穴对。电子-空穴对的运动使PN结上产生了一个光生电动势，这一现象被称为光伏效应（photovoltaic effect，PV Effect）。

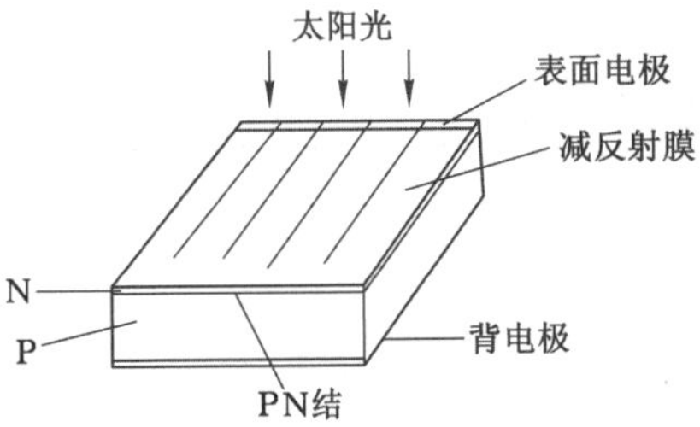

图2-15　晶体硅太阳能电池的结构示意图

图2-16所示为太阳能电池的等效电路图，由表征光生电流的恒流源I_{ph}、PN结特性的二极管D、PN结漏电流的并联电阻R_{sh}、太阳能电池电极等引起的串联电阻R_S以及负载电阻R_L等组成。图中I_{ph}为光生电流，I_{ph}值正比于光伏电池的面积和入射光的辐照度，1 cm^{2}光伏电池的I_{ph}值为1～30 mA。环境温度升高，I_{ph}值也会略升高；I_D为暗电流，它反映出在当前环境温度下，光伏电池PN结自身所能产生的总扩散电流的变化情况；R_S为串联电阻，一般小于1 Ω；R_{sh}主要由电池的体电阻、表面电阻、电极导体电阻、电极与硅表面间接触电阻和金属导体电阻等组成；R_L为电池的外负载电阻；I为负载电流；V为负载两端电压。

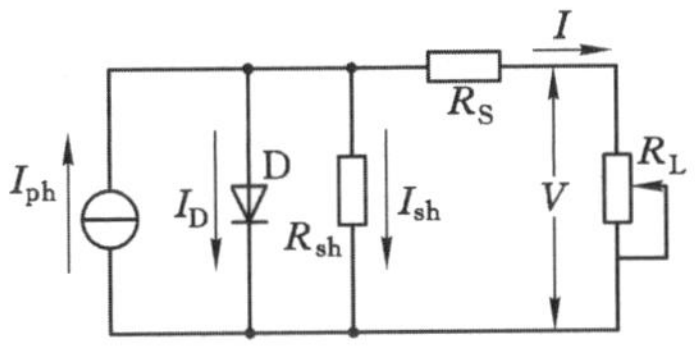

图2-16　太阳能电池的等效电路模型

实际应用的太阳能电池板由多个单片串并联组成，在进行电力系统分析时，需要将太阳能电池组等效为戴维宁模型接入配电网。为了满足实际应用，需要n个太阳能电池板串联成一组再进行串联组的并联，或者用n个太阳能电池板并联成一组再进行并联组的串联。n个单片太阳能电池组成的串联组等效模型和并联组等效模型如图2-17所示。并联组化简时，考虑$R_{sh} \geqslant R_S$，R_S可以忽略不计。

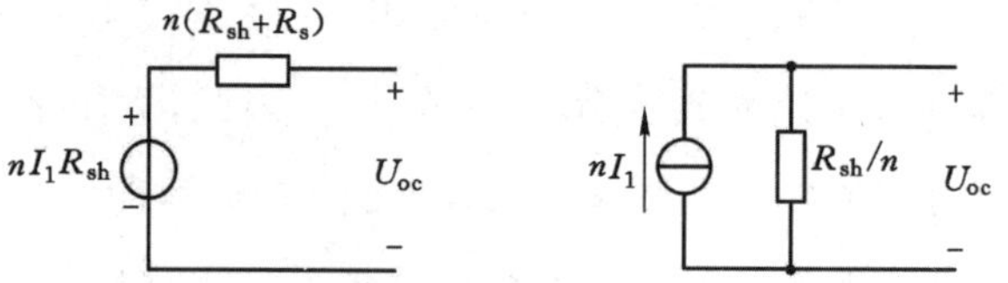

(a) 串联等效模型　(b) 并联等效模型

图 2-17　联接组的等效模型

2.4　有源二端网络等效参数的测量方法

1. 开路-短路法

在有源二端网络输出端开路时，用电压表直接测其输出端的开路电压u_{oc}，然后再将其输出端短路，用电流表测其短路电流i_{sc}，则等效内阻为

$$R_{eq}=\frac{u_{oc}}{i_{sc}}$$

注意：如果二端网络的内阻很小，若将其输出端口短路，则易损坏其内部元件，因此不宜用此法。

开路-短路法测量有源二端网络的等效参数操作简单易行，但在某些情况下存在如下缺点：

① 当等效电阻较大时，由于电压表内阻的分压作用，所测开路电压低于实际值，造成一定误差；

② 当等效电阻较小时，由于电流表内阻与其串联，所测短路电流低于实际值，造成一定误差。

2. 伏安法测 R_{eq}

方法一：

用电压表、电流表测出有源二端网络的外特性曲线，如图 2-18 所示，根据外特性曲线求出斜率 $\tan\varphi$，则内阻

$$R_{eq}=\tan\varphi=\frac{\Delta u}{\Delta i}=\frac{u_{oc}}{i_{sc}}$$

方法二：

另一种方法是测量有源二端网络的开路电压U_{oc}，以及额定电流I_N和对应的输出端额定电压U_N，则内阻为：

$$R_{eq}=\frac{U_{oc}-U_N}{I_N}$$

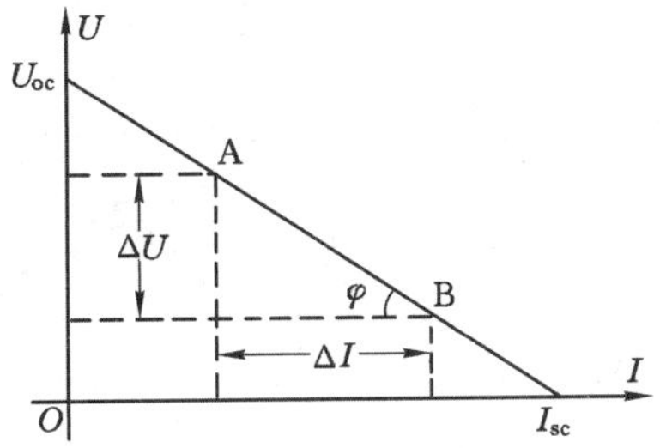

图 2-18　有源二端网络的外特性曲线

3. 半电压法测R_{eq}

如图 2-19 所示，当负载电压为被测网络开路电压u_{oc}一半时，负载电阻R_L的大小(由电阻箱的读数确定)为被测有源二端网络的等效内阻R_{eq}的数值。

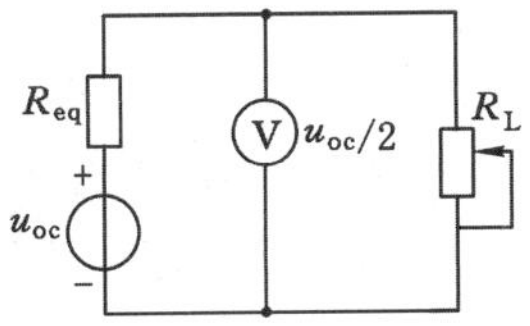

图 2-19　半电压法测等效电阻

4. 零示法测u_{oc}

在测量具有高内阻有源二端网络的开路电压时，用电压表进行直接测量会产生较大的误差，为了消除电压表内阻的影响，往往采用零示测量法，如图 2-20 所示。

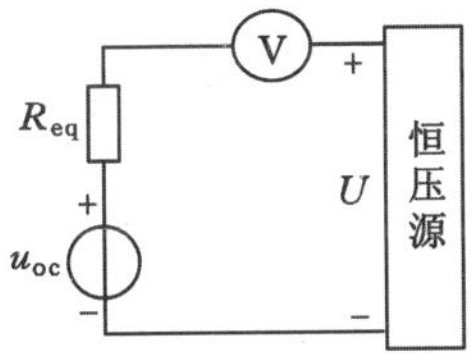

图 2-20　零示法测开路电压

零示法测量原理是用一低内阻的恒压源与被测有源二端网络进行比较，当恒压源的输出电压与有源二端网络的开路电压相等时，电压表的读数为“0”，然后将电路断开，测量此时恒压源的输出电压U为被测有源二端网络的开路电压u_{oc}。

5. 几种特殊情况下的测量方法

下面介绍几种特殊情况下有源二端网络等效电路的测量方法。

(1) 等效电阻较大时的测量

当等效电阻较大时，为了克服电压表内阻的作用，可用上述零示法来测量开路电压，具体电路如图 2-21 所示。

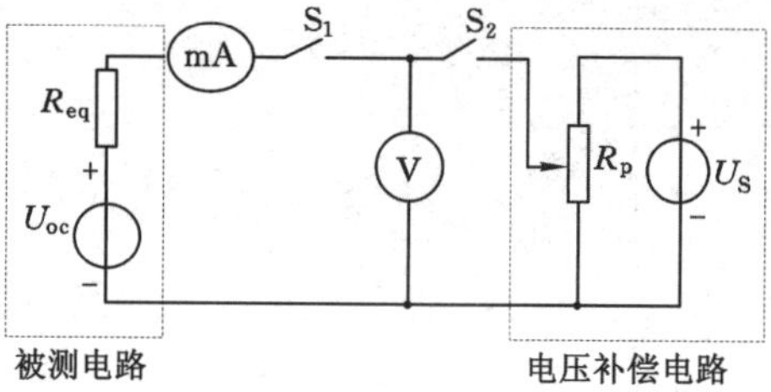

图 2-21　等效电阻较大时的测量电路

图 2-21 所示电路主要由被测电路、电流表、电压表和补偿电路四个部分构成。补偿电路由电压源 U_S 和可变电阻 R_p 构成。U_S 为直流电压源，R_p 用来实现分压。具体测量步骤如下：

① 断开 S_2、闭合 S_1，粗测开路电压 u_{oc}；

② 断开 S_1、闭合 S_2，调节可变电阻器 R_p，电压表测得电压近似等于开路电压 u_{oc}；

③ 闭合 S_1（此时 S_2 处于闭合位），细心调节 R_p，使电流表指示为零，这时电压表读数为开路电压 u_{oc} 的真实值。

（2）等效电阻较小时的测量

当等效电阻较小时，可直接将端口开路来测量端口电压 u_{oc}；而由于等效电阻较小，会造成短路电流较大，烧坏电源，故一般不测量短路电流，可采用半电压法测量等效电阻，其具体测量电路如图 2-22 所示。

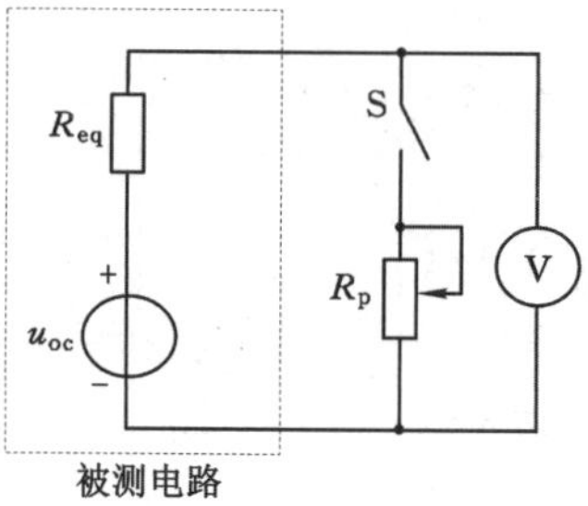

图 2-22　等效电阻较小时的测量电路

其具体测量步骤如下：

① 断开 S，测量端口的开路电压 u_{oc}；

② 闭合 S，调节可变电阻器 R_p，使电压表读数等于 $\frac{1}{2}u_{oc}$；

③ 断开 S，用万用表测量 R_p 的值，此时的 R_p 值为等效电阻 R_{eq} 的真实值。

（3）$u_{oc}=0$ 时的测量

当开路电压$u_{oc}=0$时，短路电流i_{sc}也为零，这时其等效电路只有等效电阻R_{eq}。其测量电路如图 2-23 所示。

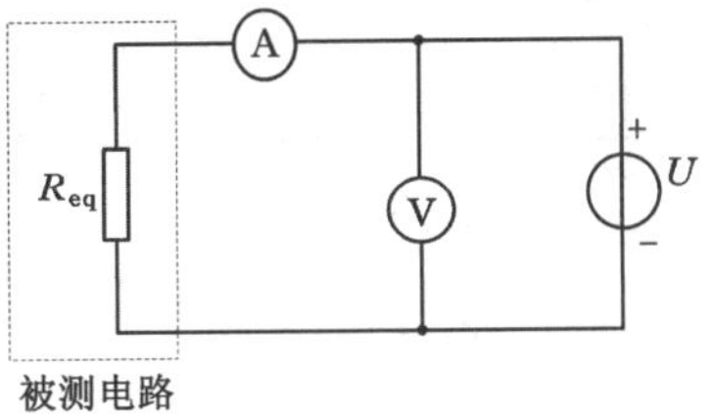

图 2-23　等效电阻较小时的测量电路

测量时只需在被测电路的端口上加上电压源，测出端口的电压、电流，此时等效电阻为端口电压除以端口电流。

2.5　有源二端网络等效参数的实验测试

1. 实验设备

直流稳压电源一个、电阻数个、焊板一块、毫安表一块、万用表一块。

2. 实验内容

本实验是有源二端网络等效电路的测试，主要包括三个部分内容：

(1) 设计并焊接一个有源二端网络，然后测试端口的戴维宁等效电路，测试端口的外特性；

(2) 根据测试出的等效电路参数，焊接等效电路，测试端口的外特性，并与原电路外特性比较，验证戴维宁定理；

(3) 测量并比较原电路和等效电路内部的消耗功率，理解“等效是对外等效，对内不等效”的概念。

3. 实验步骤

① 设计并焊接实验电路

这里给出参考实验电路，如图 2-24 所示，也可自行设计。

② 开路-短路法测定等效电路

按图 2-24 电路接入 15 V 稳压源，先断开负载R_L，测出开路电压；再短接负载，测出短路电流；计算等效电阻，并将数据填入表 2-1 中。

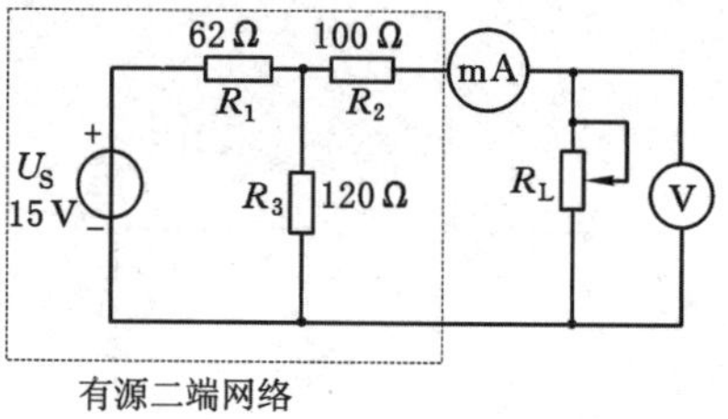

图 2-24　有源二端网络等效变换的实验电路

表 2-1　开路-短路法测试数据

u_{oc}/V	i_{sc}/mA	$R_{eq}=\frac{u_{oc}}{i_{sc}}$/Ω

③ 改变负载值，测量端口电压、电流，并将数据填入表 2-2 中。

表 2-2　有源二端网络的端口外特性

R_L/Ω	0	51	100	151	∞
U/V					
I/mA					

④ 测量内部的消耗功率

按图 2-24 接线，改变负载，分别测量 R_1、R_2、R_3 上的电压，并计算各个功率及总的内部消耗功率 $P_{总}$，其中总内部消耗功率为三个电阻上的功率相加，将数据填入表 2-3 中。

表 2-3　原电路的内部消耗功率

R_L/Ω		0	51	∞
R_1	U_1/V			
	P_1/W			
R_2	U_2/V			
	P_2/W			
R_3	U_3/V			
	P_3/W			
$P_{总}$/W				

⑤ 验证戴维宁定理

按图 2-25 所示电路将等效电路焊接好，其中等效电阻阻值调到表 2-1 中的阻值，稳压源调至表 2-1 中的电压值。

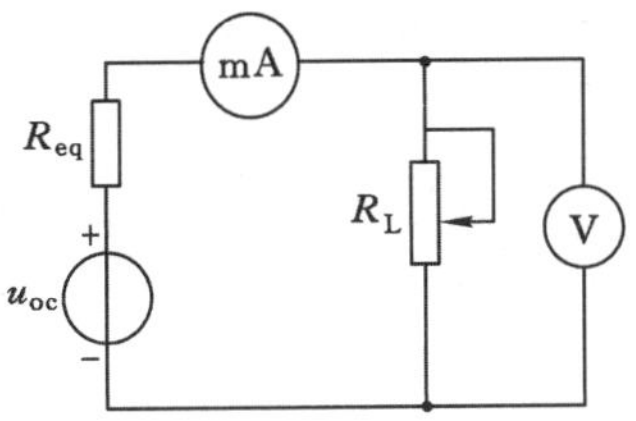

图 2-25　有源二端网络的等效电路

改变负载 R_L 值，测量端口的电压电流，将数据填入表 2-4 中。

表 2-4　等效电路的端口外特性

R_L/Ω	0	51	100	151	∞
U/V					
I/mA					

在图 2-26 中分别将表 2-2 和表 2-4 数据绘制端口伏安特性曲线，比较两条曲线，验证戴维宁定理。

图 2-26　原电路和等效电路的外特性曲线

图 2-25 电路中改变负载，测量 R_{eq} 上电压，计算其功率，将数据填入表 2-5 中。

表 2-5　等效电路的内部消耗功率

R_L/Ω		0	51	∞
R_{eq}	U/V			
	P/W			

比较表 2-3 和表 2-5 中的功率，理解“等效电路是对外等效，对内不等效”的概念。

4. 实验注意事项

(1) 测量时，注意电流表量程的更换；

（2）改接线路时，要关掉电源；

（3）测量等效电路时，要将稳压源电压调至测量出的开路电压。

5. 思考题

（1）如何测量有源二端网络的开路电压和短路电流，在什么情况下不能直接测量开路电压和短路电流？

（2）说明测量有源二端网络开路电压及等效内阻的几种方法，并比较其优缺点。

6. 实验报告要求

（1）回答思考题；

（2）根据步骤 3 和 5，分别绘出曲线，验证戴维南定理的正确性，并分析产生误差的原因；

（3）根据步骤 3 和 5，填写原电路和等效电路的内部消耗功率，并进行比较，得出相应结论；

（4）说明戴维宁定理和诺顿定理的应用场合。

第 3 章　集成运放应用

3.1　常用集成运放电路

集成运算放大器(集成运放),最早用于模拟计算机。随着技术指标的不断提高和价格的日益降低,集成运放作为一种通用的高性能放大器,目前已经广泛应用于自动控制、精密测量、通信、信号处理等领域。

运算放大器所接的电源可以是单电源的,也可以是双电源的。运算放大器的特性可以综合为两条:

① 运算放大器的放大倍数为无穷大;

② 运算放大器的输入电阻为无穷大,输出电阻为零。

常用的低功耗集成运放:LM324、LM358。常用的高阻抗集成运放:TL082、TL074、CA3140。常用的精密集成运放:OP07、OP27、ICL7650。

3.1.1　集成运放的分类

集成运放的使用应从实际需要出发,不必盲目追求指标的先进性,选择时,通常有以下原则:① 如无特殊要求,尽量选通用型和多运放;② 要注意手册中给出的参数是在某一个特定条件下得出的,如条件改变,有些参数也要随着改变;③ 在实验阶段和工作环境复杂的场合,尽量选带有过压、过流、过热保护的型号。

根据性能指标参数的不同,通常集成运放作以下分类:

(1) 通用型运算放大器

通用型运算放大器是以通用为目的而设计的,应用最为广泛。这类器件的主要特点是价格低廉、产品量大面广,其性能指标能适合于一般性使用。如 MA741(单运放)、

LM358(双运放)、LM324(四运放)以及以场效应管为输入级的 LF356 都属于此类。

(2) 高阻型运算放大器

这类集成运算放大器的特点是差模输入阻抗非常高,输入偏置电流非常小,通常只有几皮安到几十皮安,输入电阻一般在 109～1 012 Ω。场效应管组成运算放大器的差分输入级,不仅输入阻抗高,输入偏置电流低,而且具有高速、宽带和低噪声等优点,但输入失调电压较大。常见的集成器件有 LF356、LF355、LF347(四级运放)及更高输入阻抗的 CA3130、CA3140 等。

(3) 低温漂型运算放大器

在精密仪器、弱信号检测等自动控制仪表中,总是希望运算放大器的失调电压要小且不随温度的变化而变化,低温漂型运算放大器就是为满足此要求而设计的。常用的高精度、低温漂运算放大器有 OP-07、OP-27、AD508 及由 MOSFET 组成的斩波稳零型低漂移器件 ICL7650 等。

(4) 高速型运算放大器

在快速 A/D 和 D/A 转换器、视频放大器中,要求集成运算放大器的转换速率(或称压摆率,SR)一定要高,单位增益带宽(BWG)一定要足够大,通用型集成运放不适合于高速应用的场合。高速型运算放大器的主要特点是具有高的转换速率和宽的频率响应。常见的高速型集成运放有 LM318、MA715 等,其 $SR=50\sim70$ V/ms,$BWG>$ 20 MHz。

(5) 低功耗型运算放大器

由于电子电路集成化的最大优点是能使复杂电路小型轻便,所以随着便携式仪器应用范围的扩大,必须使用低电源电压供电、低功率消耗的运算放大器。常用的低功耗型运算放大器有 TL-022C、TL-060C 等,其工作电压为±2 V～±18 V,消耗电流为 50～250 mA。有的功耗已达微瓦级,例如 ICL7600 的供电电源为 1.5 V,功耗为 10 mW,可采用单节电池供电。

(6) 高压大功率型运算放大器

运算放大器的输出电压主要受供电电源限制。在普通的运算放大器中,输出电压的最大值一般仅几十伏,输出电流仅几十毫安。若要提高输出电压或增大输出电流,集成运放外部必须要加辅助电路。高压大电流集成运算放大器外部不需附加任何电路,即可输出高电压和大电流。例如 D41 集成运放的电源电压可达±150 V,UA791 集成运放的输出电流可达 1 A。

3.1.2　集成运放的电源供给方式

集成运放有两个电源接线端 $+V_{CC}$ 和 $-V_{EE}$，但有不同的电源供给方式。对于不同的电源供给方式，对输入信号的要求是不同的。

(1) 对称双电源供电方式

如图 3-1(a)所示，运算放大器多采用这种方式供电。相对于公共端(地)的正电源($+E$)与负电源($-E$)分别接于运放的 $+V_{CC}$ 和 $-V_{EE}$ 管脚上。在这种方式下，可把信号源直接接到运放的输入管脚上，而输出电压的振幅可达正负对称电源电压。

(2) 单电源供电方式

如图 3-1(b)所示，单电源供电是将运放的 $-V_{EE}$ 管脚连接到地上。此时为了保证运放内部单元电路具有合适的静态工作点，在运放输入端一定要加入一直流电位。此时运放的输出在某一直流电位基础上随输入信号变化。对于交流放大器，静态时，运算放大器的输出电压近似为 $V_{CC}/2$，为了隔离掉输出中的直流成分接入电容 C_3。

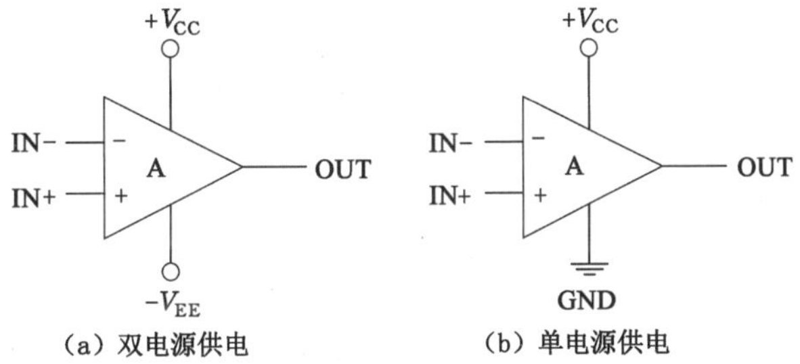

图 3-1　运算放大器电源的接法

单电源供电的运放需要外部提供一个虚地，通常情况下，这个电压是 $V_{CC}/2$，图 3-2 的电路可以用来产生 $V_{CC}/2$ 的电压，但是系统的低频特性会降低。

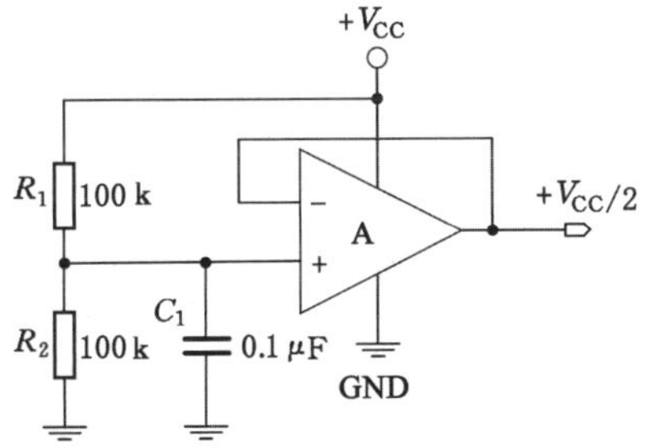

图 3-2　运算放大器单电源应用

3.1.3 运算放大器常用指标

(1) 共模输入电阻(RINCM)

共模输入电阻表示运算放大器工作在线性区时，输入共模电压范围与该范围内偏置电流的变化量之比。

(2) 直流共模抑制(CMRDC)

该参数用于衡量运算放大器对作用在两个输入端的相同直流信号的抑制能力。

(3) 交流共模抑制(CMRAC)

交流共模抑制用于衡量运算放大器对作用在两个输入端的相同交流信号的抑制能力，是差模开环增益除以共模开环增益的函数。

(4) 增益带宽积(GBW)

增益带宽积是电压反馈运放的一个特征参数，表示小信号的增益带宽，通常是一个常量，定义在开环增益随频率变化的特性曲线中以－20 dB/十倍频程滚降的区域。

(5) 输入偏置电流(IB)

该参数指运算放大器工作在线性区时流入输入端的平均电流。

(6) 输入偏置电流温漂(TCIB)

该参数代表输入偏置电流在温度变化时产生的变化量。TCIB 通常以 pA/℃为单位表示。

(7) 输入失调电流(IOS)

该参数是指流入两个输入端的电流之差。

(8) 输入失调电流温漂(TCIOS)

该参数代表输入失调电流在温度变化时产生的变化量。TCIOS 通常以 pA/℃为单位表示。

(9) 差模输入电阻(RIN)

该参数表示输入电压的变化量与相应的输入电流变化量之比，电压的变化导致电流的变化。在一个输入端测量时，另一输入端接固定的共模电压。

(10) 输出阻抗(ZO)

该参数是指运算放大器工作在线性区时，输出端的内部等效小信号阻抗。

(11) 输出电压摆幅(VO)

该参数是指输出信号不发生箝位的条件下能够达到的最大电压摆幅的峰峰值，VO 一般定义在特定的负载电阻和电源电压下。

(12) 功耗(Pd)

表示器件在给定电源电压下所消耗的静态功率,Pd 通常定义在空载情况下。

(13) 电源抑制比(PSRR)

该参数用来衡量在电源电压变化时运算放大器保持其输出不变的能力,PSRR 通常用电源电压变化时所导致的输入失调电压的变化量表示。

(14) 转换速率/压摆率(SR)

该参数是指输出电压的变化量与发生这个变化所需时间之比的最大值。SR 通常以 V/μs 为单位表示,有时也分别表示成正向变化和负向变化。

(15) 电源电流(ICC、IDD)

该参数是在指定电源电压下器件消耗的静态电流,这些参数通常定义在空载情况下。

(16) 单位增益带宽(BW)

该参数指开环增益大于 1 时运算放大器的最大工作频率。

(17) 输入失调电压(VOS)

该参数表示使输出电压为零时需要在输入端作用的电压差。输入失调电压通常为 mV 级,输入失调电压 100 μV 以下的属于较好的,输入失调电压 1 μV 以下属于极优秀的。

(18) 输入失调电压温漂(TCVOS)

该参数指温度变化引起的输入失调电压的变化,通常以 μV/℃ 单位表示。由于集成运放的输入失调电压和输入失调电流的影响,当运算放大器组成的线性电路输入信号为零时,输出往往不等于零。为了提高电路的运算精度,要求对失调电压和失调电流造成的误差进行补偿,这就是运算放大器的调零。常用的调零方法有内部调零和外部调零,而对于没有内部调零端子的集成运放,要采用外部调零方法。

(19) 输入电压范围(VIN)

该参数指运算放大器正常工作(可获得预期结果)时,所允许的输入电压的范围,VIN 通常定义在指定的电源电压下。

3.1.4　集成运放 LM358 简介

1. 集成运放 LM358 内部结构

LM358 内部包括有两个独立的、高增益、内部频率补偿的双运算放大器,适合于电源电压范围很宽的单电源使用,也适用于双电源工作模式,在推荐的工作条件下,电源电流与电源电压无关。它的使用范围包括传感放大器、直流增益模组，音频放大器、工业控制、DC 增益部件和其他所有可用单电源供电的使用运算放大器的场合。LM358 内部电路如图 3-3 所示。

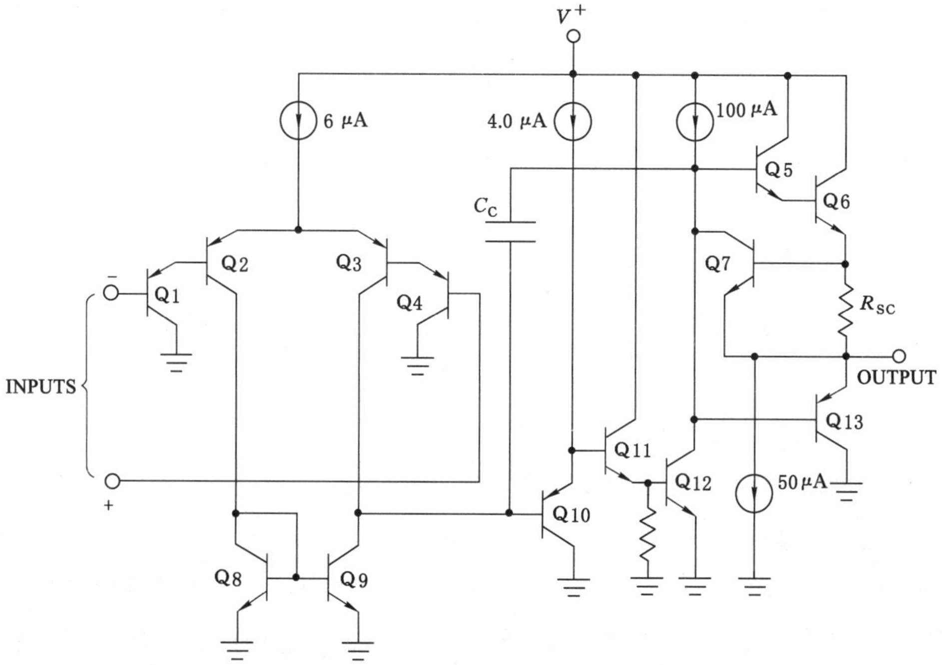

图 3-3　LM358 内部电路原理图

2. 引脚功能说明

LM358 的封装形式有塑封 8 引线双列直插式和贴片式。如图 3-4 所示是集成运放 LM358 的外形、管脚图，管脚作用如下：

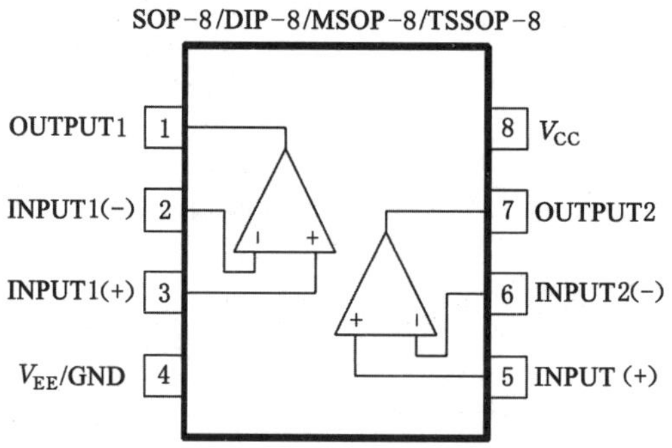

图 3-4　集成运放 LM358 的外形、管脚图

1——输出端 1；

2——反相输入端 1；

3——同相输入端 1；

4——负电源端/地；

5——同相输入端 2；

6——反相输入端 2；

7——输出端 2；

8——正电源端。

(1) LM358 的主要特性

• 内部频率补偿；

• 直流电压增益高(约 100 dB)；

• 单位增益频带宽(约 1 MHz)；

• 电源电压范围宽:单电源(3～30 V);双电源(±1.5～±15 V)；

• 低功耗电流,适合于电池供电；

• 低输入偏流；

• 低输入失调电压和失调电流；

• 共模输入电压范围宽,包括接地；

• 差模输入电压范围宽；

• 输出电压摆幅大(0 至 V_{CC}－1.5 V)。

(2) LM358 的主要参数

• 输入偏置电流 45 nA；

• 输入失调电流 50 nA；

• 输入失调电压 2.9 mV；

• 输入共模电压最大值 V_{CC}～1.5 V；

• 共模抑制比 80 d；

• 电源抑制比 100 dB。

LM358 是一款性价比高的运放,在低频信号领域一直占据重要市场。但在使用时需要注意的是,在 LM358 的工作区间内,其满幅输出电压比电源低约 2 V。

3.2 运算放大器的应用举例

3.2.1 力传感器桥式放大器

图 3-5 所示的电路为一个桥式放大器。图中虚线框部分 SFG-15N1A 为 Honeywell 公司生产的硅压阻式力传感器，它是利用微细加工工艺技术在一小块硅片上加工硅膜片，并在膜片上用离子注入工艺做了四个电阻并连接成电桥。当力作用在硅膜片上时，膜片产生变形，电桥中两个桥臂电阻的阻值增大；另外两个桥臂电阻的阻值减小，电桥失去平衡，输出与作用力成正比的电压信号。力传感器由 12 V 电源经三个二极管降压后(约 10 V)供电。A_1～A_3 组成测量放大器，其差分输入端直接与力传感器 2 脚、4 脚连接。A_4 的输出用于补偿整个电路的失调电压。当作用力为 0～1 500 g 时，输出 0～1 500 mV(灵敏度为 1 mV/g)。

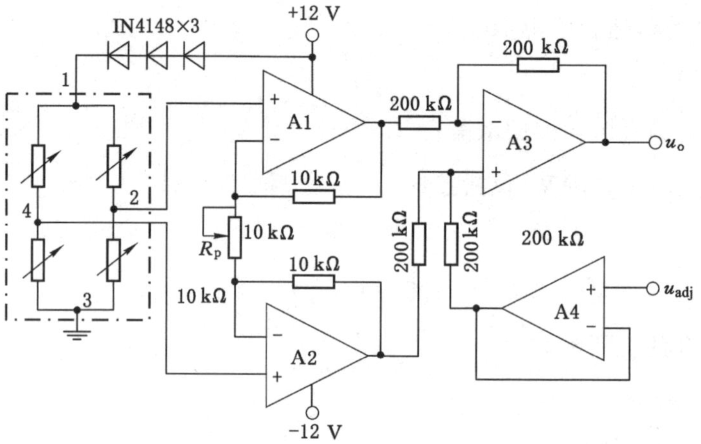

图 3-5 力传感器桥式放大器

3.2.2 峰值检测电路

在自动控制系统中，往往要求对几个信号的幅度进行比较，然后加以选择。选择其中最高的或最低的作为控制或报警对象，分别叫做上限检测和下限检测。上限(峰值)检测电路如图 3-6 所示，本电路只可选通正向峰值电压，不能选通负向峰值电压。设输入信号 $u_{i1}>u_{i2}>u_{i3}>0$，则 A_1 外接 D_1 优先导通，箝位在 $u_o=u_{i1}$，D_{f1} 截止。其他两路 $u_{o2}=u_{i2}$，$u_{o3}=u_{i3}$，D_2、D_3 反偏截止，隔离 u_o、u_{o2} 输出。若 u_{i1} 与 u_{i2}、u_{i3} 的差值大于二极管的阈值电压，则 D_{f2}、D_{f3} 导通，防止当 u_o 为正而 u_{i2}、u_{i3} 为负时在运放两输入端存在过

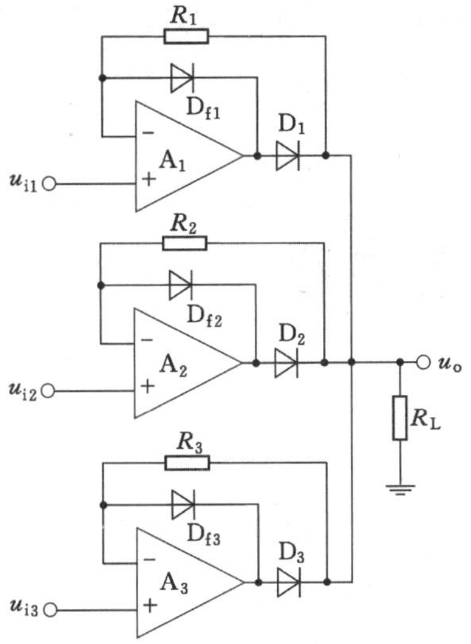

图 3-6　峰值检测电路

高电压而使运放内部输入级管子击穿,起到保护作用。若要实现下限检测,将所有二极管极性反接即可。

3.2.3　电流检测电路

很多控制器接受来自各种检测仪表的 0～20 mA 或 4～20 mA 电流,电路将此电流转换成电压后再送 ADC 转换成数字信号,图 3-7 就是这样一个典型电路。图中,输入 4～20 mA 电流流过采样 100 Ω 电阻 R_1,在 R_1 上会产生 0.4～2 V 的电压差。由"虚断"知,运放输入端没有电流流过,则流过 R_3 和 R_5 的电流相等,流过 R_2 和 R_4 的电流相等。

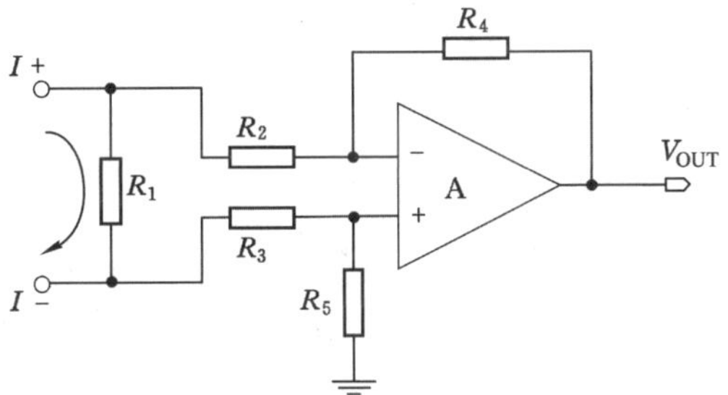

图 3-7　电流检测电路

如果 $R_3=R_2$,$R_4=R_5$,则

$$V_{out}=-(0.4\sim 2)R_4/R_2 \tag{3-1}$$

图 3-7 中 $R_4=22\ \text{k}\Omega$,$R_2=10\ \text{k}\Omega$,$R_4/R_2=2.2$,则

$$V_{out}=-(0.88\sim 4.4)\text{V} \tag{3-2}$$

即电路将 4～20 mA 输入电流转换成－0.88～－4.4 V 的电压输出，此电压可以送ADC 去处理。如果将图中电流输入方向反接，可得

$$V_{out} = +(0.88 \sim 4.4)\text{V} \tag{3-3}$$

3.3 精密全波整流电路

3.3.1 全波整流

如图 3-8 所示，全波整流电路只需两只整流二极管，但电源变压器却需要有带中心抽头的两组相同电压的绕组。利用带中心抽头的变压器，使它们在交流电的正半周和负半周分别向 R_L 供给同一方向的电流，从而构成全波整流电路。

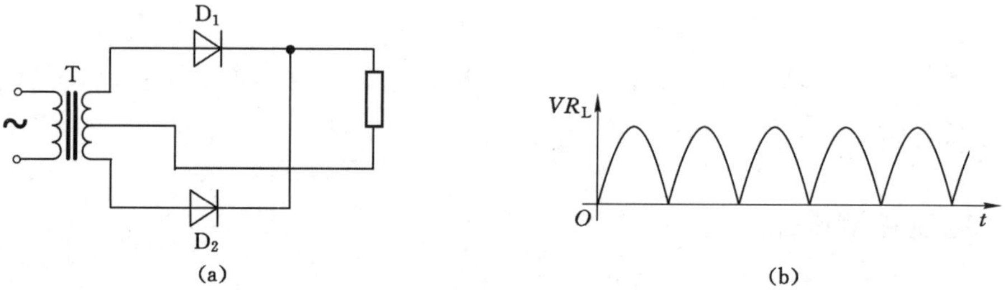

图 3-8　全波整流

设交流电在正半周时，变压器输出电压极性为上正下负，上半绕组电源经 D_1、R_L、中心抽头形成回路，而下半绕组不通，此时 D_1 导通 D_2 不导通，电流 I_{D1} 经 R_L 形成回路；在负半周时，电压极性与前相反，可知 D_2 导通而 D_1 不导通，I_{D2} 以相同方向经 R_L 形成回路，由此在负载上得到的是正负两个半周都有整流输出的波形，故称为全波整流。

二极管的导通压降约为 0.6 V 左右，此导通压降又称为二极管门坎电压。常规整流电路中，因整流电压的幅值远远高于二极管的导通压降，几乎可以无视此门坎电压的存在。但在对小幅度交变信号的处理中，若信号幅度小于 0.6 V，此时二极管的门坎电压将使其无法完成整流功能。

利用二极管（开关器件）的单向导电特性，和放大器的优良放大性能相结合，可实现对输入交变信号（尤其是小幅度的电压信号）进行精密的整流，由此构成精密半波/全波整流电路。

3.3.2 精密全波整流电路

采用运算放大器组成的全波精密整流电路不仅具有高精度，而且还有很好的线性度，可以检测到弱电压信号。例如，在太阳能光伏系统逆变器电路中，采用全波精密整流电路能够精确地进行电压检测；在电磁流量计测量过程中，采用电平提升电路和精密全波整流电路，能够大大提高测量精确度；在矿用真空电磁启动器信号采样回路中，精密整流电路能够提高测量精度、克服非线性误差。

以下介绍三种精密全波整流电路。

(1) 经典型精密全波整流电路

下面的这种精密全波整流电路，由于性能比较优越，被称为经典型。电路中，电阻要满足如下要求 $R_1=R_2$，$R_4=R_5=2R_3$。

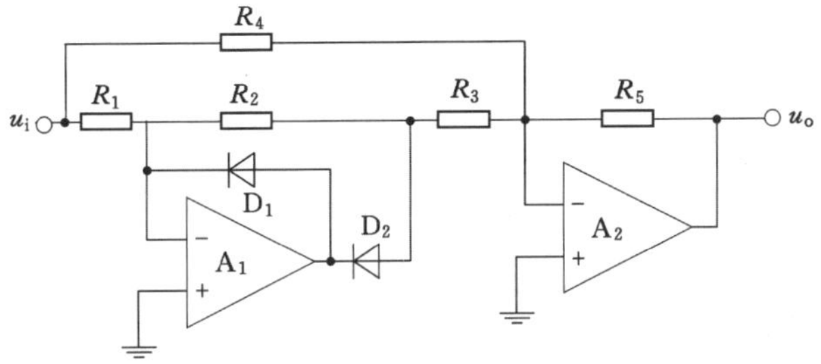

图 3-9　经典型精密全波整流电路

图中，运放 A_1 及外围电路构成正半波输入反相整流放大电路，运放 A_2 为反相求和电路。

当输入 u_i 电压为正时，D_1 截止，D_2 导通，这时 R_1、R_2 和 A_1 共同构成一个放大倍数为 −1 的反相放大电路。R_3、R_4、R_5 和 A_2 共同构成了个反相求和电路。对于正电压输入，放大倍数为 1。

当输入 u_i 为负电压时，D_1 导通，D_2 截止。这时 A_1 的作用为将 R_2 的左端电位钳位在 0 V，而 A_2 的反馈作用使得 R_3 的右端电位为 0。因此，R_2、R_3 这个支路两端电位相等、没有电流，实际上是不起任何作用的。因此，整个电路其实就是 R_4、R_5 和 A_2 组成的放大倍数为 −1 的反相放大电路。

当 $u_i>0$ 时，D_1 截止，D_2 导通，则

$$u_o=u_i \tag{3-4}$$

当 $u_i<0$ 时，D_1 导通，D_2 截止，则

$$u_o=-u_i \tag{3-5}$$

可以在 Multisim 软件环境中搭建电路进行仿真验证。图 3-10 是仿真电路原理图，图 3-11 是输入输出信号仿真波形。

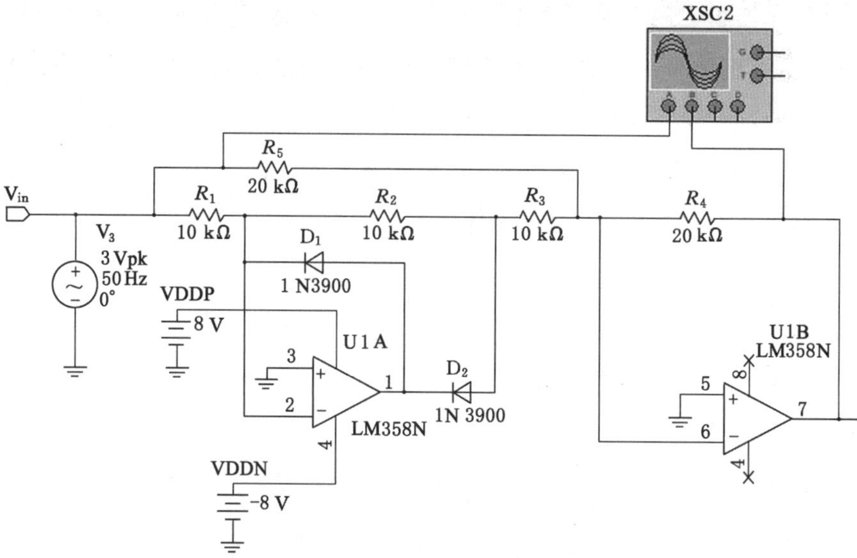

图 3-10　仿真电路原理图

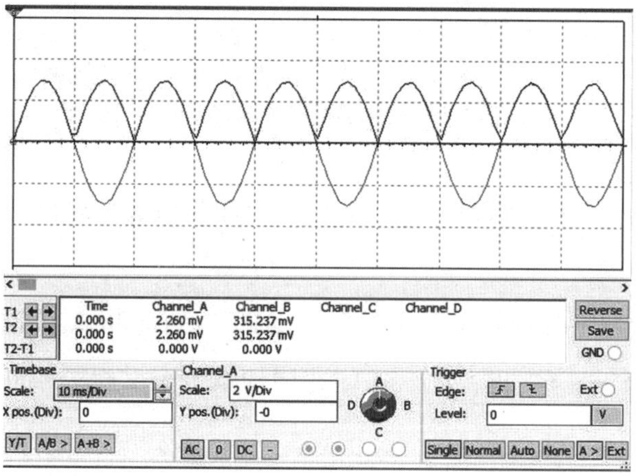

图 3-11　经典型精密全波整流电路仿真输出波形

(2) 精密全波整流电路示例二

图 3-12 是具有四个二极管的全波整流电路。其中，A_1 是半波整流电路，是负半周有输出，A_2 的电压跟随器的变形，正半周有输出，这样分别对交流输入的正、负半周进行整流($R_1=R_2$)。此电路采用两个运放分别处理正电压和负电压的情况，所以 R_1 和 R_2 需配对，否则输入为负电压时电路增益不为 1，反馈电阻 R_3 的阻值不重要，但不能太小，否则输入为负电压时 A_1 需向 R_3 提供较大的电流，该电路的输入阻抗为 R_1。当电

压过零时，A_1，A_2 的输出电压会发生突变，因此当频率较大时，会影响结果的输出，可选用高速型运放。

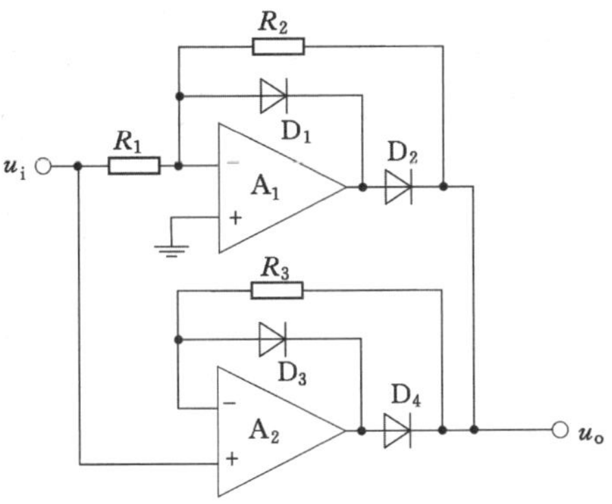

图 3-12　四个二极管型全波整流电路

具体工作过程描述如下：当 $u_i>0$ 时，根据各点电压正负情况可知 D_1、D_4 导通，D_2、D_3 截止，A_1 的作用导致 R_2 左端电压箝位在 0 V，R_3 上无电流通过，所以无压降，$u_o=u_i$ 当 $u_i<0$ 时，根据各点电压正负情况可知 D_1、D_4 截止，D_2、D_3 导通，A_1 为反相比例运算器，增益为 $-R_2/R_1$，A_2 为电压跟随器，所以输出电压为 $u_o=-u_i$。

(3) 高输入阻抗型精密全波整流电路(分析略)

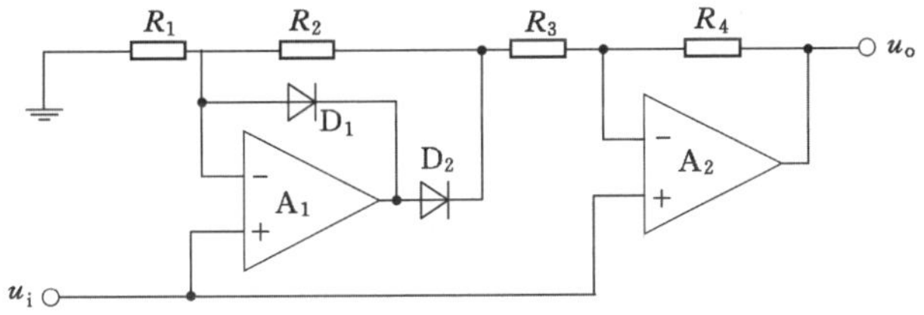

图 3-13　高输入阻抗型精密全波整流电路

3.4　精密全波整流电路实验

3.4.1　实验目的

(1) 熟练掌握仪器仪表的使用；

(2) 熟练掌握运算放大器的基本知识及其应用；

(3) 学习实验电路的设计和组装，并进行自主测试；

(4) 锻炼独立分析问题和解决问题的能力。

3.4.2 实验参考电路及工作原理

实验电路名称：增益大于 1 的精密全波整流电路。

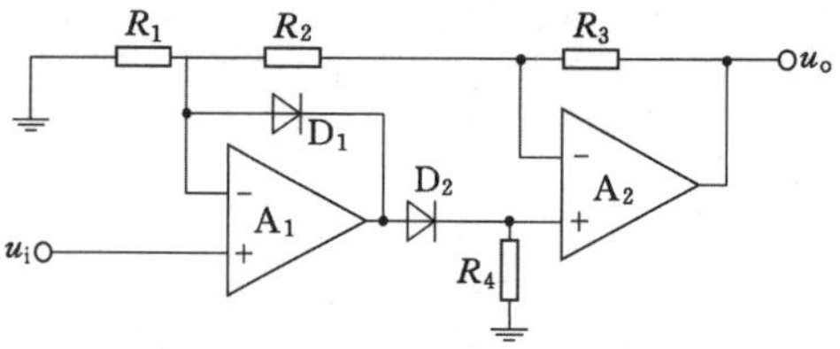

图 3-14 精密全波整流参考电路

电路原理分析如下：

在输入信号的正半周，D_1 截止，D_2 导通，A_1、A_2 电路等效为同相比例运算器：在 D_1、D_2 导通之前，电路处于电压放大倍数极大的开环状态，此时，微小的输入信号就可使放大器输入端变为正电压，二极管 D_2 正偏导通（相当于短路），D_1 反偏截止（相当于断路），形成同相比例运算器模式。调节 R_1、R_2、R_3 的阻值，可以将整流信号正向放大后输出。

在输入信号的负半周，D_1 导通，D_2 截止，A_1 电路等效为电压跟随器，A_2 电路等效为反相比例运算器：在输入信号的负半周期，微小的输入信号使 A_1 输出端变为负电压，二极管 D_2 反偏截止，D_1 正偏导通，A_1 运放形成电压跟随器。同相端为 u_i，所以 A_1 输出跟随同相端电位即 u_i。由于 D_2 截止，所以 A_2 构成反相比例运算器，整个电路对负半周信号进行了倒相输出。若使 $R_3=2R_2$，则其将整流信号反相放大两倍后输出。

最终可得到放大两倍后的全波整流电压。

3.4.3 实验内容及注意事项

1. 电路参数设计

采用正负电源供电，设计一个放大倍数为 2 的精密全波整流电路。

2. 电路仿真

在 Multisim 设计环境中，设计精密全波整流电路，完成电路功能的仿真，做好实验记录。

3. 组装电路

利用 LM358 集成运放和电阻，搭建精密全波整流电路，利用信号发生器、示波器等设备完成电路的测试和记录。

4. 实验注意事项

(1) 实验器材由指导教师登记发放，如果遇到坏的器件可找老师申请更换；

(2) 用万用表测量大电阻(1 Ω 以上)时，不能用两只手同时捏住电阻两端；

(3) 电路组装完成后，要反复检查才能通电测试；

(4) 实验电路连接、测试好后，可用手机拍照，作为实验过程记录留存；

(5) 实验完成后整理好实验台，可继续使用的元器件上交指导教师并做好记录，已损坏的元器件不要混在其中，以免影响其他同学使用。

3.4.4　实验项目记录及结果分析

(1) 参数计算

记录元器件参数的计算过程。自行设计元器件的 BOM(Bill of Material)物料清单。

(2) 电路设计与仿真

完成电路仿真，记录电路原理图和电路仿真输出结果。

(3) 电路搭建及性能测量

采用 BOM 表中的元器件搭建实际电路，通电测试。利用示波器检测输入和输出信号，手机拍摄信号波形。

采用不同频率(如 1 kHz，1 MHz，10 MHz 等)的输入信号和不同幅值的正弦信号，观察电路不同的工作状态和频率特性，观察电路是否存在失真并做好实验记录。

3.4.5　实验总结报告

理论课和实验课都完成后写出完整的实验总结报告，参考学院规定的格式。报告内容包括相关的理论计算、元件参数选型、实验过程记录及分析，实验总结、体会等。

第4章　振荡器设计与应用

4.1　振　荡　器

振荡器通常又称为函数(波形)信号发生器,它用于产生被测电路所需特定参数的电测试信号。在测试、研究或调整电子电路及设备时,为测定电路的一些电参量,如测量频率响应、噪声系数,为电压表定度等,都要求提供符合所定技术条件的电信号,以模拟在实际工作中使用的待测设备的激励信号。按产生信号波形的不同,可将振荡器分为两大类,即正弦波振荡器和非正弦波振荡器,非正弦波振荡器按信号形式不同又可分为方波、三角波和锯齿波振荡器等,本节重点介绍非正弦波振荡电路。

4.1.1　正弦波振荡器

1. 振荡产生的基本原理

正弦波振荡电路的基本结构是放大器和反馈网络构成的正反馈电路,其基本结构如图4-1所示。输入信号$\dot{X}_i=0$,信号$\dot{X}_{id}$和$\dot{X}_f$在基本放大电路和反馈网络中循环传输,显然电路要满足正反馈即$\dot{X}_{id}$和$\dot{X}_f$同极性(正反馈)才能产生自激振荡,这是信号产生的相位条件。另外,为了使电路在没有外加信号时足以引起自激振荡,要求反馈回来的信号大于放大器的输入信号,即初始状态下满足:

$$|\dot{X}_f|>|\dot{X}_{id}| \text{ 或 } |\dot{A}\dot{F}|>1 \tag{4-1}$$

此时对于电路中任何微小的扰动或噪声,只要满足相位条件,通过正反馈便可以产生自激振荡。

产生自激振荡后还有两个问题要解决:一是为了得到单一频率的波形,二是为了稳定不失真。为了得到单一频率的波形,电路要具有“选频”特性,这个一般要由“选频网

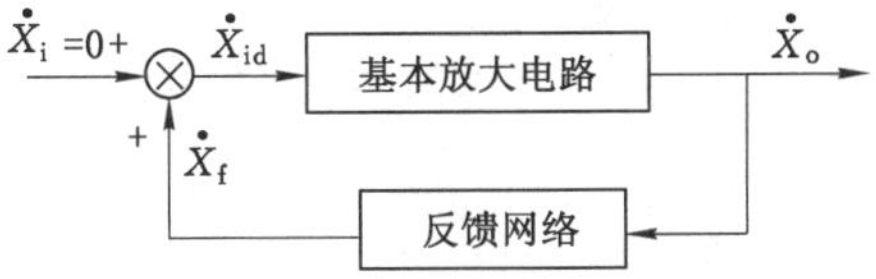

图 4-1　正弦波振荡电路的方框图

络"来实现，它可以由 R、C 元件组成，也可以由 L、C 元件组成，分别称为 RC 振荡电路、LC 振荡电路。前者一般用来产生 1 Hz～1 MHz 范围的中低频信号，而后者一般用来产生 1 MHz 以上的高频信号，选频网络可以设置在放大电路中，也可以设置在反馈网络中，为了使输出信号的幅度不是持续增长，而是稳定在一个幅度并且不失真，需要一个"稳幅环节"，同样，稳幅电路可以设置在放大电路中或反馈网络中。

由于引起自激振荡必须有正反馈并且满足 $|\dot{A}\dot{F}|>1$，把它称为起振条件。而把 $\dot{A}\dot{F}=1$ 称为振荡平衡条件。其中，幅度平衡条件为：

$$|\dot{A}\dot{F}|=1 \tag{4-2}$$

相位平衡条件为：

$$\varphi_A+\varphi_F=\pm 2n\pi, n=0,1,2,\cdots \tag{4-3}$$

综上所述，正弦波振荡电路一般由以下几部分组成：

① 放大环节；

② 正反馈网络；

③ 选频网络(可以包含在放大或正反馈网络中)；

④ 稳幅环节(可以包含在放大或正反馈网络中)；

⑤ 其他环节，如频率和幅度的调节。

2. *RC* 正弦波振荡器

RC 振荡器适合用于中低频振荡，最常用的是 RC 桥式振荡器。把 RC 串并联网络和放大器组合即可构成 RC 桥式振荡电路，如图 4-2 所示，是由集成运算放大器和文氏电桥构成的 RC 桥式振荡电路，图中 RC 串并联选频网络接在运放的输出端和同相输入端之间构成正反馈，R_f 和 R_1 接在运放的输出端和反相输入端之间构成负反馈。

由图 4-2 可见，振荡信号由同相输入端输入，故放大器是同相放大器，输出电压 $\dot{U}_o$ 和输入电压 $\dot{U}_i$ 同相，其闭环电压增益 $\dot{A}_u=\dfrac{\dot{U}_o}{\dot{U}_p}=1+\dfrac{R_f}{R_1}$，而 RC 串并联选频网络反馈系数为：

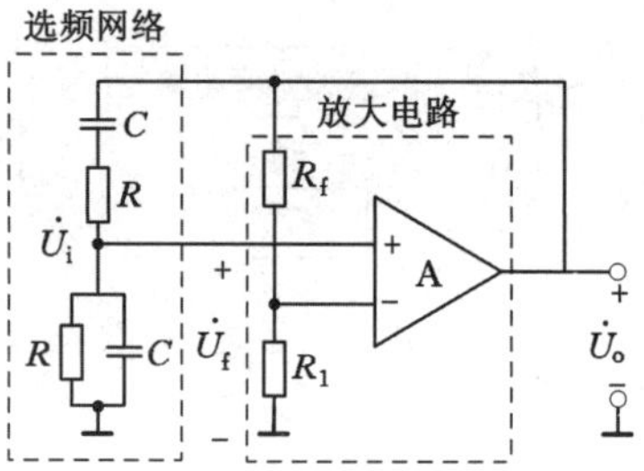

图 4-2　RC 桥式振荡电路

$$\dot{F}=\frac{\dot{U}_f}{\dot{U}_o}=\frac{R//\frac{1}{j\omega C}}{R+\frac{1}{j\omega C}+R//\frac{1}{j\omega C}}=\frac{1}{3+j\left(\omega RC-\frac{1}{\omega RC}\right)} \tag{4-4}$$

令 $\omega_0=\frac{1}{RC}$，即 $f_0=\frac{\omega_0}{2\pi}=\frac{1}{2\pi RC}$，则有

$$\dot{F}=\frac{1}{3+j\left(\frac{f}{f_0}-\frac{f_0}{f}\right)} \tag{4-5}$$

幅频特性为

$$|\dot{F}|=\frac{1}{\sqrt{3^2+\left(\frac{f}{f_0}-\frac{f_0}{f}\right)^2}} \tag{4-6}$$

相频特性为

$$\varphi_F=-\arctan\frac{\frac{f}{f_0}-\frac{f_0}{f}}{3} \tag{4-7}$$

当 $f=f_0$ 时，$|\dot{F}|_{max}=\frac{1}{3}$，$\varphi_F=0$。此时 RC 串并联选频网络输出电压幅值最大，并为输入电压的三分之一，同时输出电压和输入电压同相。

为了建立振荡，需要在初始状态（上电）时将微弱的噪声放大，通过正反馈使输出幅值不断增加，即 A_u 略大于 3，到达一定幅值后使幅值自动稳定下来，即 $A_u=3$。为了改善振荡器输出波形，稳定振荡幅度，图 4-2 中的 R_f 可采用具有负温度系数的热敏电阻替代，当输出电压增加时，负反馈回的电流随之增加，使热敏电阻阻值减小，放大倍数降低，输出电压降低；反之，当输出电压降低时，由于热敏电阻的自动调整作用，使输出电压回升，因此，维持输出电压稳定。

为调节振荡器的频率，RC 串、并联网络中的电阻和电容可采用双联可调电位器或双联可调电容实现频率调节。

4.1.2　非正弦波振荡器

电压比较器是构成非正弦波电路的基本单元电路，在深入学习和设计非正弦产生电路之前，必须要掌握比较器的工作原理，深入了解电压比较器的基本概念、基本功能。

1. 矩形波产生电路

方波产生电路是一种能够直接产生方波或矩形波的非正弦信号发生电路。由于方波包含极丰富的谐波，因此，这种电路又称为多谐振荡器，图 4-3 是方波产生电路。

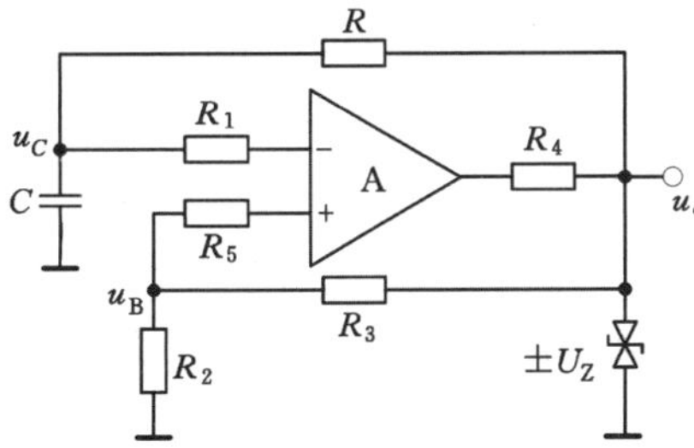

图 4-3　方波产生电路

由图 4-3 中可以看出，运放 A、R_2、R_3 和 D_Z 构成了具有限幅功能的迟滞发生器，这是电路的重要组成部分，RC 电路为一个积分电路，把输出电压反馈到运放的输入端。下面分析它的工作原理。

对于迟滞发生器来说，在接通电源的瞬间，同相端和反相端的电压谁大谁小并不确定，这时输出端的电压就可能是 $+U_Z$ 或者是 $-U_Z$，这个属于偶然。我们假设输出电压为 $+U_Z$，即同相端的电压大于反相端的电压。此时反馈到集成运放同相端的电压为

$$U_+=\frac{R_2}{R_3+R_2}U_Z=FU_Z \tag{4-8}$$

式中，F 为反馈系数。反相端的电压就是电容 C 上的电压，而电容 C 的电压不能跃变，只能由输出电压通过电阻 R 向它充电来实现电压的增加，增加的快慢由电容充电的指数规律决定。当 U_C 略大于 U_+ 时，集成运放的反相端电压大于同相端电压，输出变为 $-U_Z$。此时对于正反馈电路来说，同相端的电压变为

$$U_+=-\frac{R_2}{R_3+R_2}U_Z=-FU_Z \tag{4-9}$$

由于这时的输出电压要小于电容电压 $u_C=FU_Z$，所以电容要通过电阻 R 放电，放电的时间常数仍然为 $\tau=RC$。当 C 放电到电压略小于 U_+ 时，同相端的电压又大于反相端的电压，输出电压变为 $+U_Z$，同相端的电压又变回 FU_Z，输出电压通过 R 向 C 充

电。如此反复，输出电压在$\pm U_Z$间来回变化，形成矩形波。整个过程如图 4-4 所示。

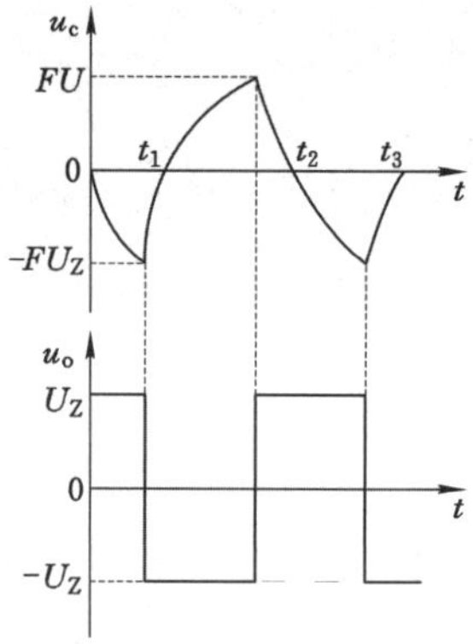

图 4-4　矩形波产生原理

由于矩形波的高电平持续时间为电容充电时间，低电平时间是电容放电的时间，二者的时间常数相等，初始值和最终值又相等，两者的时间也是相等的，输出为方波。它的半个周期 $T/2$ 可以通过三要素法进行计算：

$$u_c(t)=u_C(\infty)+[u_C(0)-u_C(\infty)]e^{-\frac{t}{\tau}} \tag{4-10}$$

从图 4-4 可以看出，充电电压是从$+FU_Z$到$-FU_Z$，时间常数$\tau=RC$，$u_c(\infty)=U_Z$，代入式(4-10)

$$FU_Z=U_Z+(-FU_Z-U_Z)e^{\frac{-t}{RC}} \tag{4-11}$$

$t=RC\ln\dfrac{1+F}{1-F}=RC\ln(1+\dfrac{2R_1}{R_2})$，即为高电平持续时间。它的周期为

$$T=2RC\ln(1+\frac{2R_1}{R_2}) \tag{4-12}$$

振荡频率 $f=1/T$。

通常我们把一个周期内高电平持续的时间与周期的比值称为占空比，显然，方波的占空比为 50%。对于上面所介绍的矩形波发生器来说，只要使它的充电时间和放电时间不同，就可以改变它的占空比了。如图 4-5 所示为一占空比可调的矩形波发生器。用 R_{f1}、R_{f2}、D_1、D_2 代替图 4-4 中的 R。输出电压 u_o 为负时，D_1 导通 D_2 截止，充电时间常数为 $R_{f1}C$；输出电压 u_o 为正时，D_2 导通 D_1 截止，放电时间常数为 $R_{f2}C$。R_{f2} 为可调电阻，调节 R_{f2} 就可以改变占空比，得到不同形状的脉冲波。

2. 三角波产生电路

三角波也是一种常用的非正弦波信号，在测量、扫描、调制等场合有很多的应用。其原理图如图 4-6 所示。

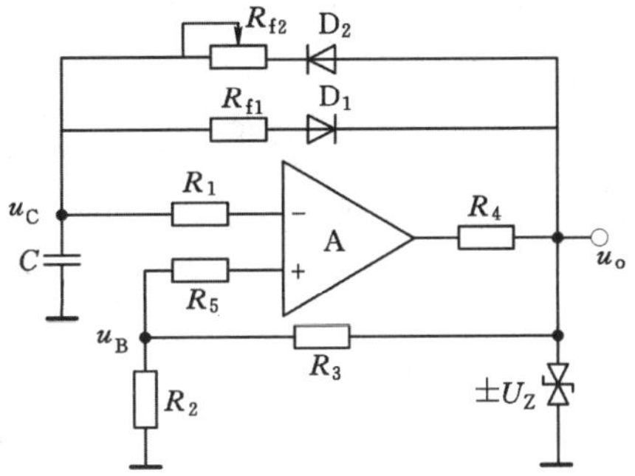

图 4-5　占空比可调的矩形波发生器

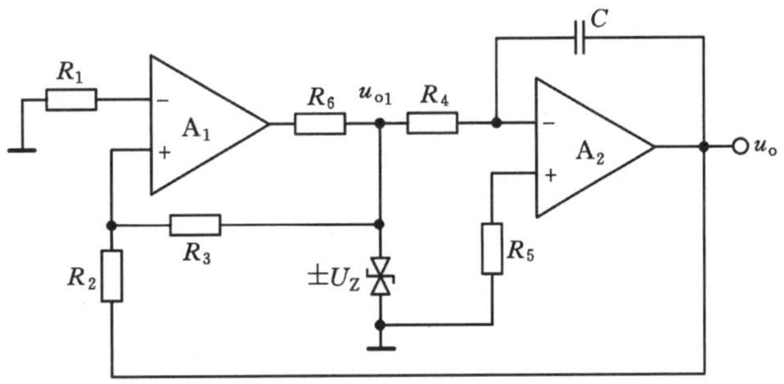

图 4-6　三角波发生器

在图 4-6 中，前级 A_1 为一个迟滞发生器，后级 A_2 为一个积分电路。当接通电源时，设 $u_{o1}=-U_Z$，则 $-U_Z$ 经 R_4 向 C 充电，使输出电压 u_o 呈线性规律增长，当 u_o 增加到 A_1 的上门限电压 V_{T+} 时，比较器翻转，A_1 的输出 u_{o1} 由 $-U_Z$ 跳转至 $+U_Z$，此时 u_{o1} 经 R_4 向 C 反向充电，u_o 线性降低，当 u_o 降低至比较器 A_1 的下门限电压 V_{T-}，时，比较器翻转，A_1 的输出 u_{o1} 由 $+U_Z$ 跳转至 $-U_Z$。如此周而复始，产生三角波，如图 4-7 所示。

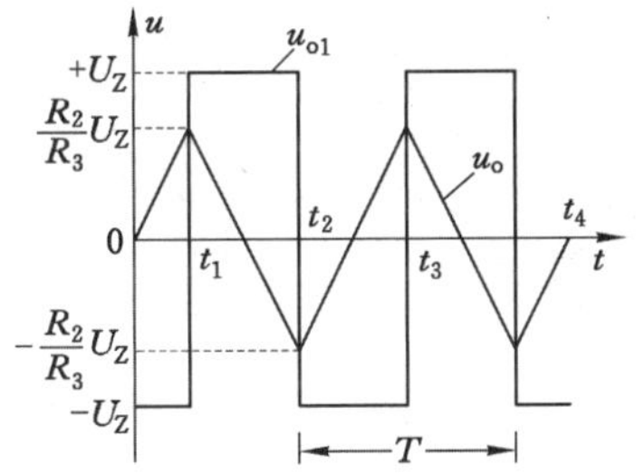

图 4-7　方波一三角波电路产生波形

比较器 A_1 翻转时 $u_{p1}=u_{n1}=0$，而

$$u_{p1}=\frac{R_3}{R_2+R_3}u_o+\frac{R_2}{R_2+R_3}u_{o1} \tag{4-13}$$

可得输出电压为

$$u_o = -\frac{R_2}{R_3} u_{o1} \tag{4-14}$$

$u_{o1} = \pm U_Z$，可得上下门限电压和门限宽度为

$$V_{T+} = \frac{R_2}{R_3} U_Z \tag{4-15}$$

$$V_{T-} = -\frac{R_2}{R_3} U_Z \tag{4-16}$$

$$\Delta V_T = \frac{2R_2}{R_3} U_Z \tag{4-17}$$

三角波充放电的时间常数相等，输出电压从 0 上升到最大值的时间 t_1 为：

$$\frac{1}{C}\int_0^{t_1} \frac{U_Z - 0}{R_4} dt = \frac{R_2}{R_3} U_Z \tag{4-18}$$

$$t_1 = \frac{R_2 R_4 C}{R_3} \tag{4-19}$$

三角波的周期 T 为

$$T = 4t_1 = \frac{4R_2 R_4 C}{R_3} \tag{4-20}$$

需要注意的是，虽然改变 $\frac{R_2}{R_3}$、R_4 和 C 均可以改变输出频率，但改变 $\frac{R_2}{R_3}$ 也会同时改变输出幅值，不宜用来调频，一般改变 C 作频率粗调，改变 A_2 的输入电压作频率细调。

3. 锯齿波产生电路

锯齿波是一种上升时间和下降时间不相等的三角波，在扫描电路、测量电路中有广泛的应用。在方波-三角波电路的基础上，增加很少的元件，使正、反两个方向的积分时间常数不相等，就可以得到锯齿波，锯齿波电路如图 4-8 所示。

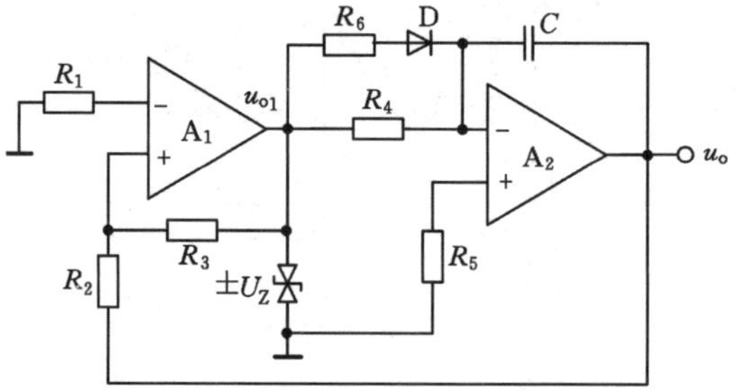

图 4-8　锯齿波产生电路

在积分电路正向积分时，u_o 由 0 上升，二极管 D 截止，充电时间常数为 R_4C；在反

向放电时，二极管 D 导通，反向积分时间常数为$(R_4//R_6)C$，u_o 快速降低。忽略二极管的正向电阻，可得锯齿波的周期为：

$$T=\frac{2R_2R_4C}{R_3}+\frac{2R_2(R_4//R_6)C}{R_3} \tag{4-21}$$

锯齿波产生波形如图 4-9 所示。

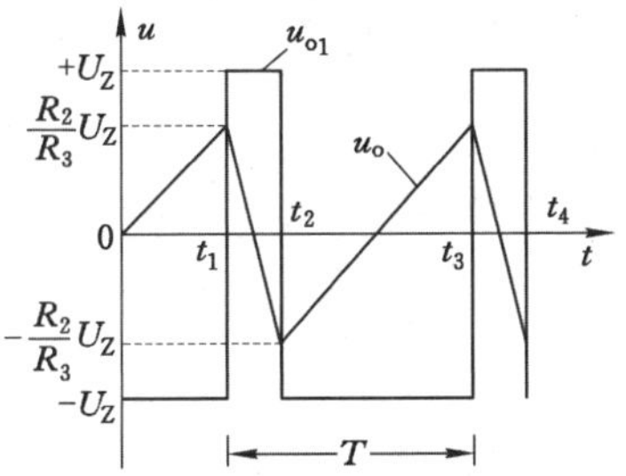

图 4-9　锯齿波电路产生波形

4.2　集成双运放及其在非正弦信号发生器中的应用

4.2.1　集成双运放 LM358

LM358 是双运算放大器，内部包括有两个独立的、高增益、内部频率补偿的运算放大器，适合于电源电压范围很宽的单电源，也适用于双电源工作模式，在推荐的工作条件下，电源电流与电源电压无关。它的使用范围包括传感放大器、直流增益模块和其他使用运算放大器的场合。LM358 的封装形式有塑封 8 引线双列直插式和贴片式。

4.2.2　非正弦波产生电路应用

压控振荡器(voltage controlled oscillator, VCO)是一种将电压变换为相应频率的脉冲变化电路，即输出信号的频率与输入电压成比例的电路，广泛地应用于自动控制、信号检测、信号测量等领域。由非正弦波发生器制作的 VCO 线性度和稳定性好，在中低频范围内便于连续控制输出频率，且输出幅值不变等优点，当控制电压为直流电压时，电路可以作为简易信号源使用。由非正弦波发生器制作的 VCO 电路图如图 4-10 所示。

图 4-10 中，A_1 运放、R_1、C 和 R_2、R_3 组成了基本积分电路，A_2、R_5 和 R_6 组成了迟滞比较器，三极管 T、R_4 和 R_7 组成了三极管开关电路。设初始状态下 T 截止，C 的初始电压为零，则 u_{o2} 随着时间的增加从 $\frac{R_3}{R_2+R_3}\cdot u_i$ 开始近似线性降低。此时，对迟滞比

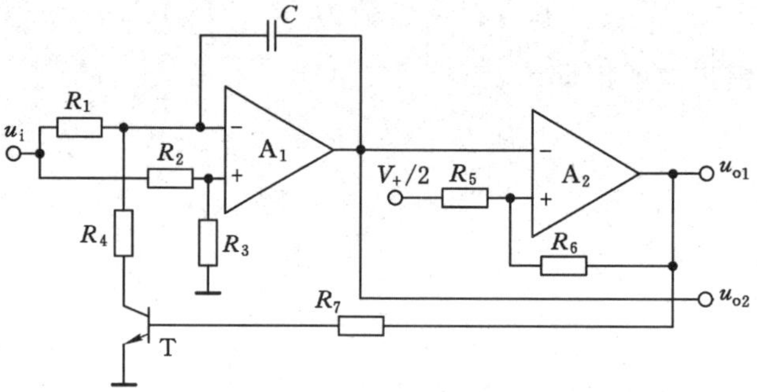

图 4-10　VCO 电路图

较器来说，u_{o1} 输出为负饱和电压，三极管 T 截止。当 u_{o2} 降低到迟滞比较器的下门限电压时，u_{o1} 输出翻转为正饱和电压，三极管 T 导通，电容反向充电，u_{o2} 随着时间的增加而近似线性升高，当 u_{o2} 增加到迟滞比较器的上门限电压时，u_{o1} 输出为负饱和电压，三极管 T 截止。以此类推，u_{o2} 输出为一个矩形波，u_{o1} 输出为一个三角波。

在电阻和电容值确定的条件下，三角波充电电流和放电电流仅与输入电压有关，因此输出信号的频率受输入电压 u_i 的控制，频率与输入电压呈正比例关系，同时改变输入电压，不会影响输出信号的幅值，这对于振荡器输出频率的调节十分方便。电路输入电压调节范围为 0～2 V(±1.5)V 之间，可调范围广，输出信号抗干扰能力强，调节方便，线性度高，在中低频简易信号源中有广泛的应用。

4.3　方波-三角波信号发生器实验

4.3.1　实验目的

(1) 学习双运放的使用方法；

(2) 掌握方波-三角波产生电路的原理；

(3) 学习焊接实验电路、测试实验电路的能力；

(4) 锻炼分析问题、解决问题的能力。

4.3.2　实验原理

实验电路如图 4-11 所示，实验原理如 4.2 节所述，改变 R_4 可以改变振荡频率，改变电阻 R_3 可改变三角波频率和幅值。

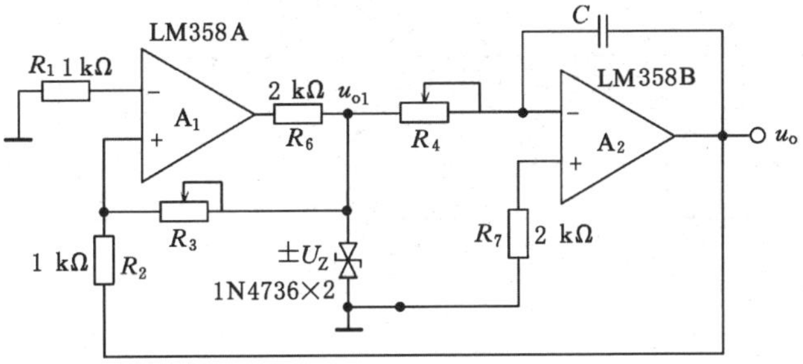

图 4-11　实验原理图

4.3.3　实验内容

使用 LM358 设计制作一个方波-三角波信号发生器，方波信号频率在 100～2 kHz 可调，三角波峰-峰值在 4～6 V 可调，误差在 5%以内，双向稳压二极管由两个 1N4736 构成，供电电源为±12 V。

根据实验要求，计算 R_3，R_4 的大小和范围，并在面包板上搭建电路，连接电源和示波器进行调试，直到获得正确结果。

思考：实验过程中，应先调试幅值还是频率，为什么？

4.3.4　实验注意事项

(1) 实验器材由指导教师登记发放，如果遇到坏的器件可找老师申请更换；

(2) 用万用表测量大电阻(1 kΩ 以上)时不能用两只手同时捏住电阻两端；

(3) 电路组装完成后要反复检查才能通电测试；

(4) 实验电路连接、测试好后，可用手机拍照，作为实验过程记录留存；

(5) 实验完成后整理好实验台，可继续使用的元器件上交指导教师并做好记录，已损坏的元器件不要混在其中，以免影响其他同学使用。

4.3.5　实验项目记录

1. 方波频率调试

表 4-1　实验记录

方波频率/Hz	R_4 阻值(实测)/kΩ	R_4 阻值(理论)/kΩ
100		
500		

表 4-1(续)

方波频率/Hz	R_4 阻值(实测)/kΩ	R_4 阻值(理论)/kΩ
1 k		
2 k		

2. 三角波幅值调试

表 4-2 实验测量记录

三角波峰-峰值/V	R_3 阻值(实测)/kΩ	R_3 阻值(理论)/kΩ
4		
5		
6		

4.3.6 实验总结报告

理论课和实验课都完成后写出完整的实验总结报告。要求对实验结果进行分析，解释理论值和实测值之间产生误差的原因，报告内容包括相关的理论课程内容、实验过程记录及分析，课程总结、体会等。

第 5 章　直流稳压电源设计与实践

直流稳压电源能把交流电变换为电压稳定的直流电，直流稳压电源一般由变压器、整流电路、滤波电路及稳压电路四部分组成，其原理框图和各部分输入输出的相关波形如图 5-1 所示。

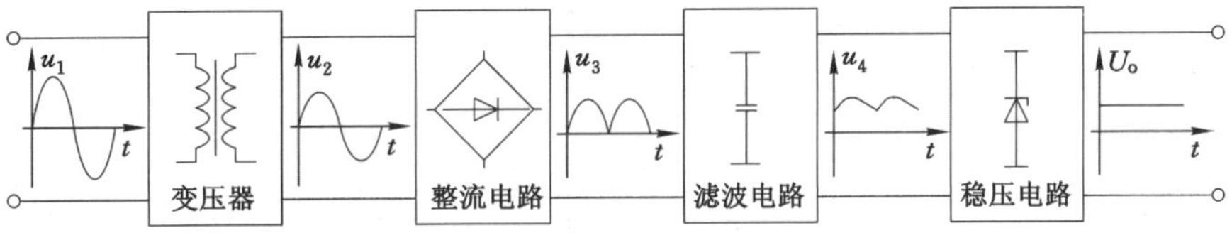

图 5-1　直流稳压电源原理框图

220 V 交流电首先通过变压器变换为符合整流需要的电压值，再利用二极管等整流元件的单向导电性，通过整流电路将交流电变成单向脉动电压，然后经过电感、电容等滤波电路滤除纹波，减小输出的脉动幅度，这时得到的已经是较为平滑的直流电压，但是由于存在电网波动及温度变化等因素，输出电压扰动较大，因此，信号在整流、滤波后通常还需要再经过稳压电路，来保持输出稳定的直流电压。

5.1　单相整流电路

5.1.1　工作原理

单相半波整流电路结构简单，但整流效率低，输出波动大，应用中大多采用桥式整流电路，如图 5-2 所示，将半波整流电路中的单个整流二极管替换成四只二极管接成的电桥形式，从而实现全波整流。

u_2 正半周时，二极管 D_1、D_3 承受正向电压导通，D_2、D_4 承受反向电压截止，$u_o = u_2$。

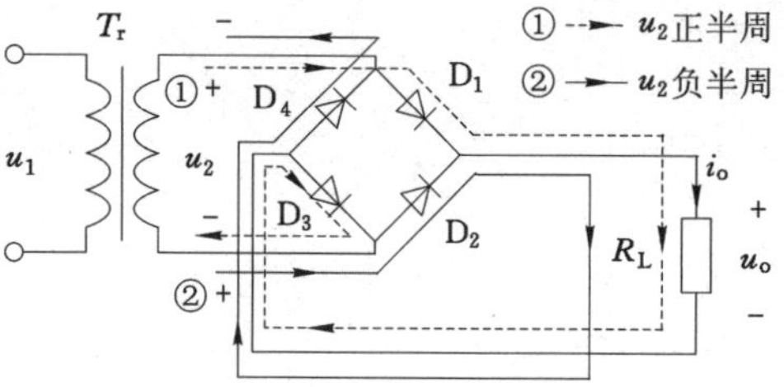

图 5-2　单相桥式整流电路

u_2 负半周时，二极管 D_1、D_3 承受反向电压截止，D_2、D_4 承受正向电压导通，$u_o = -u_2$。

可见，D_1、D_3 和 D_2、D_4 两组二极管相互交替导通，充分利用了交流电正负两个半周，在负载 R_L 上始终有方向一致的电流流过，实现了全波整流，桥式整流电路输出波形如图 5-3(a)所示。为了方便，经常将电路简化为图 5-3(b)的画法。

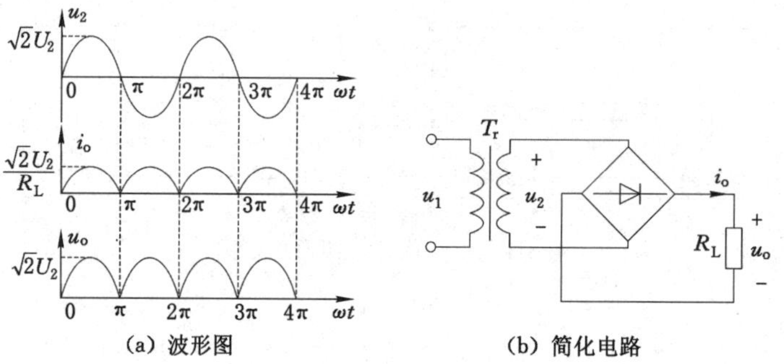

图 5-3　单相桥式整流电路输出波形图

5.1.2　特点

(1) 负载上输出的平均电压和电流

$$U_o = \frac{2\sqrt{2}}{\pi}U_2 \approx 0.9U_2 \qquad I_o = \frac{U_o}{R_L} = \frac{2\sqrt{2}U_2}{\pi R_L} \approx 0.9\frac{U_2}{R_L}$$

(2) 整流二极管的电压和电流

由于 D_1、D_3 和 D_2、D_4 四只二极管两两交替导通和截止，每只二极管两端承受的最大反向电压为

$$U_{DM} = \sqrt{2}U_2$$

另外，各二极管只有半个周期导电，流过每只二极管的平均电流只有负载电流的一半

$$I_D=\frac{1}{2}I_o=\frac{\sqrt{2}U_2}{\pi R_L}\approx 0.45\frac{U_2}{R_L}$$

单相桥式整流电路避免了使用体积较大的中心抽头的变压器，利用四只整流二极管两两交替导通的特点实现了全波整流的目的，效率较高，并且每只二极管所承受的反向电压也不高，因此在实际应用中得到广泛使用。

表 5-1　三种单相整流电路主要参数比较

参数名称	参数符号	单相半波	单相全波	单相桥式
输出电压	U_o	$0.45U_2$	$0.9U_2$	$0.9U_2$
二极管电流	I_D	I_o	$\frac{1}{2}I_o$	$\frac{1}{2}I_o$
二极管最大反向电压	U_{DM}	$\sqrt{2}U_2$	$2\sqrt{2}U_2$	$\sqrt{2}U_2$
变压器副边电流有效值	I_2	$1.57I_o$	$0.79I_o$	$1.11I_o$

5.2　滤波电路

整流后需要通过滤波电路滤除脉动直流电中的交流成分，由于电抗元件对交、直流具有不同的阻抗，因此，滤波电路一般利用电容、电感来实现。根据电路结构的不同，主要有电容滤波、电感滤波、LC/RC 滤波电路等。电容具有通交流阻直流的特性，所以把电容并联在负载两端；而电感通直流阻交流，所以与负载串联，这样整流后再经过滤波电路，就使得输出电压变得平滑，电路的脉动系数也显著减小，极大改善了输出直流电压的质量。

5.2.1　电容滤波电路工作原理

电容滤波电路将电容 C 与负载并联，如图 5-4 所示。利用电容通交流阻直流的特性，整流后大部分交流成分将从电容上通过，负载上则只有少量交流成分和直流成分经过，使得输出的电压、电流变得平滑。

电容滤波电路的输出波形如图 5-5 所示。在 u_2 正半周时二极管 D_1、D_3 导通，D_2、D_4 截止，有电流 i_C 流过电容对 C 充电，忽略二极管内阻，电容两端电压 $u_C=u_2$，由于 RL 与 C 并联，负载上输出电压 $u_o=u_C$。

当 u_2 到达峰值后开始下降，此时电容又开始放电，u_C 逐渐下降，当 $u_2<u_C$ 时，D_1、D_3 也截止，电源不再为负载供电，而电容继续通过负载放电，保持负载中仍然有电流流

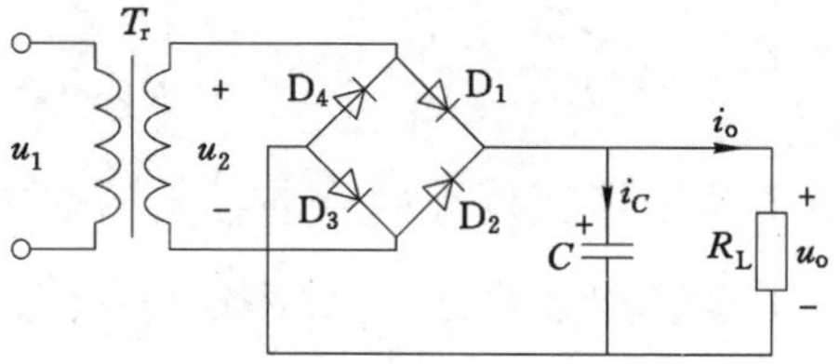

图 5-4 单相桥式整流电容滤波电路

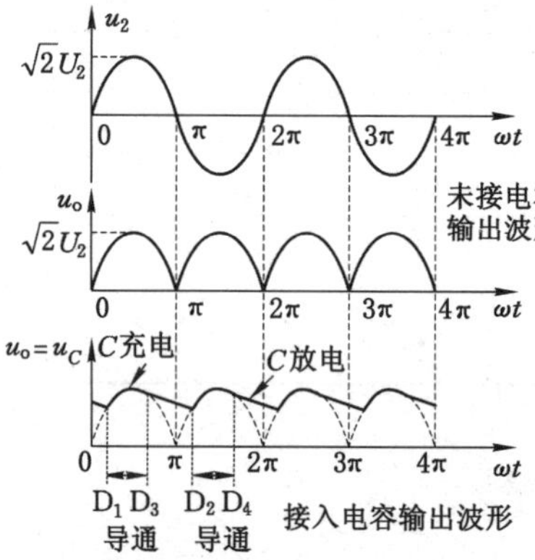

图 5-5 电容滤波时的波形图

过，此时负载上输出电压仍为 $u_o=u_C$。由于负载 R_L 一般比较大，放电时间常数公式 $\tau=R_LC$，则 τ 也较大，因而放电速度很慢，一直持续到下一个半周。

在 u_2 负半周时，随着u_C 的不断降低和 u_2 的上升，当 $|u_2|>u_C$ 时，二极管 D_2、D_4 导通，D_1、D_3 截止，电源又开始对电容进行充电，重复上述过程，从而在负载上得到较为平滑的输出电压u_o。对比图 5-5(b)中未接入电容时输出电压波形，直流电压的脉动成分得到显著改善，而且，τ 越大，放电速度越慢，输出的直流电压也越高、越平滑，滤波后的效果也越好。

5.2.2 电容滤波的特点

(1) 时间常数 τ 的选择

由于 τ 越大，滤波效果越好，通常在实际电路中根据经验公式来选取时间常数

$$\begin{cases} \tau \geqslant (3\sim5)T & \text{半波整流} \\ \tau \geqslant (3\sim5)\dfrac{T}{2} & \text{全波或桥式整流} \end{cases}$$

(2) 电路的外特性

如图 5-6 所示为电路的外特性，即输出电压 U_o 与输出电流 I_o 的变化关系曲线。接

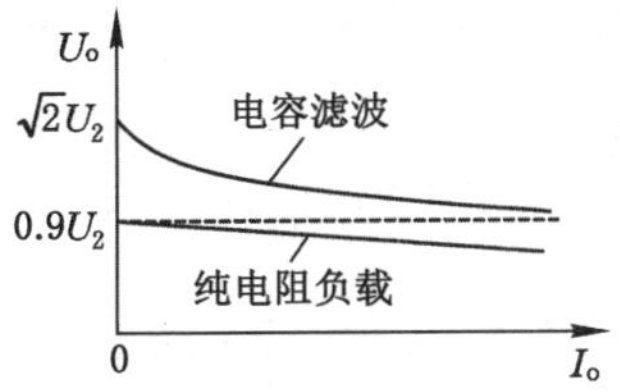

图 5-6　单相桥式整流电容滤波电路的外特性曲线

入滤波电容后，电容的充电快、放电慢，提高了整个周期输出电压的平均值，输出电压的曲线上移，输出电压 U_o 变化范围在 $\sqrt{2}U_2 \sim 0.9U_2$，随 I_o 的增加波动也较大，所以电容滤波电路的外特性较软，比较适合对输出电压稳定性要求不高、负载电流较小的场合。

一般在实际工程应用中按以下公式估算负载上的输出电压：

$$\begin{cases} U_o = U_2 \\ U_o = 1.2U_2 \end{cases}$$

（3）由于电容上电压不能突变，滤波时在电路中会产生较强的冲击电流，对整流二极管寿命和安全有较大影响，在选择整流二极管时要注意最大整流电流最好能留有 2～3 倍的余量。

5.2.3　几种滤波电路性能比较

不同的滤波电路具有不同的特点，表 5-2 为单相桥式整流方式下不同类型滤波电路的性能比较，使用时根据应用场合来选择合适的滤波电路。

表 5-2　单相整流方式滤波电路参数比较

滤波电路类型	输出电压 U_o	整流二极管电流	适用场合
电容滤波	$1.2U_2$	较大	小电流
电感滤波	$0.9U_2$	较小	大电流
LC 滤波	$0.9U_2$	较小	平滑度要求高
Π 型 LC 滤波	$1.2U_2$	较大	大电流、平滑度要求高
Π 型 RC 滤波	$1.2U_2$	较大	小电流

5.3　线性直流稳压电源

现在很多精密仪器都需要使用电压稳定的直流电源，显然，仅经过整流滤波后的直流电还不能满足应用需要。因此，在整流、滤波后通常还需要再经过稳压电路，来获得输出稳定的直流电压，最常见的就是使用稳压管的稳压电路。

5.3.1 串联反馈式稳压电路

稳压管稳压电路属于并联型稳压电路，电路简单，但是带负载能力差，输出电压取决于稳压电压。实际应用中较为广泛使用的是串联型稳压电路，它的工作电流较大、稳压性能好，而且可以根据需要对输出电压进行调节。串联型稳压电路一般由基准电压电路、比较放大电路、调整电路和取样电路四部分构成，如图 5-7 所示。

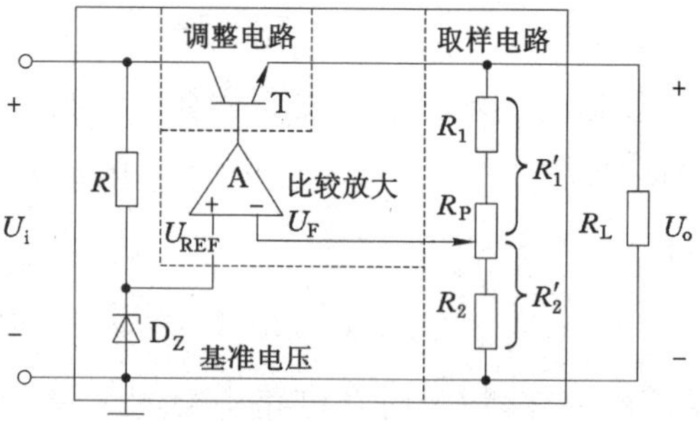

图 5-7　串联反馈式稳压电路

1. 电路组成

基准电压电路由稳压管 D_Z 和 R 组成，用来提供稳定的基准电压 U_{REF} 送到运算放大器。

电阻 R_1、R_2、R_P 组成取样反馈网络，输出电压的变化通过该电路进行取样并反馈到运算放大器，用于追踪输出变化。

比较放大电路主要由运算放大器构成，输出电压的变化经取样后和基准电压进行比较放大，然后再送到调整管控制调整电路输出，因此，输出电压任何的微小变化，都可以使调整管发生较大变化，进而保持输出电压稳定，该电路提高了稳压电路灵敏度，使得串联反馈式稳压电路具有较好的稳压效果。

调整电路由三极管 T 构成，它在运算放大器的作用下调整 U_{CE} 的压降，使输出电压保持稳定。

2. 工作原理

串联反馈式稳压电路通过取样电路对输出电压 U_o 的变化量进行取样，$U_F = \frac{R'_2}{R'_1 + R'_2}U_o$，再经比较放大电路控制调整管基极，使集电极和发射极之间的管压降 U_{CE} 随之反向变化，从而维持输出电压 U_o 的稳定。

(1) 负载电流不变，电源电压变化，设 U_I 增加，稳压过程如下：

$$U_i\uparrow \rightarrow U_o\uparrow \rightarrow U_F\uparrow \rightarrow U_B\downarrow \rightarrow U_{CE}\uparrow$$
$$U_o\downarrow \leftarrow$$

当 U_i 增加时，随着输出电压 U_o 的增加，取样电压 U_F 也随之增加，并加到运算放大器反相端，经比较放大后加到调整管基极，即 U_B 降低，使得 I_B、I_C 随之减小，调整管的集射极电压 U_{CE} 增大，该调整又会使输出电压 U_o 下降，因此整体上保持了输出电压的稳定。

(2) 电源电压不变，负载电流变化，设 I_o 增大，稳压过程如下：

$$I_o\uparrow \longrightarrow U_o\downarrow \longrightarrow U_F\downarrow \longrightarrow U_B\uparrow \longrightarrow U_{CE}\downarrow$$
$$U_o\uparrow \longleftarrow$$

当负载电流 I_o 增大时，随着输出电压 U_o 的下降，取样电压 U_F 也随之降低，和上一过程相似，运算放大器的输出使调整管的 U_{CE} 下降，反过来又使 U_o 增大，从而抵消 I_o 变化的影响，保持输出电压的稳定。

根据上述分析，调整管的管压降 U_{CE} 保持与输出电压相反的方向变化来实现调整，而且这种调整依靠的是基准电压 U_{REF} 和取样电压 U_F 之间的偏差，动态追踪了输出电压的微小变化，实现了 U_o 的相对稳定。另外，作为电压串联负反馈放大电路，该电路负反馈越深，输出稳定性越好，但若放大倍数选择过大，也容易使电路产生自激振荡。

串联反馈式稳压电路的输出电压

$$U_o \approx U_{REF}\left(1+\frac{R'_1}{R'_2}\right)$$

改变 R_P 可以调节输出电压范围，当 R_P 滑动端在最上端时，输出电压最小

$$U_{omin}=\frac{R_1+R_P+R_2}{R_2+R_P}U_{REF}$$

当 R_P 滑动端在最下端时，输出电压最大

$$U_{omax}=\frac{R_1+R_P+R_2}{R_2}U_{REF}$$

3. 稳压电路的保护

串联反馈式稳压电源的内阻通常很小，一旦输出端短路，输入电压将全部加到调整管上，很大的短路电流极易导致调整管损坏，因此实际应用中，还需要在稳压电源中加入过流保护、过压保护及过热保护等各种保护环节。如过流保护主要有反馈保护和温度保护两种方式，反馈保护通过取样电阻的反馈作用，在短路时使保护电路动作来限制输出电流或关断调整管。温度保护则是在调整管旁利用新型工艺手段制作出 PN 结温

度传感器,短路时启动保护电路实现保护作用。

串联反馈式稳压电路不仅能够实现固定电压输出,也能实现连续可调的电压输出,使用非常广泛,但由于结构特点所限,损耗较大,电源转化效率也不够高。

5.3.2 稳压电路的主要技术指标

稳压电路通常使用稳压系数、负载调整特性、输出电阻、纹波抑制比等参数来衡量输出直流电压的质量,而这几种主要指标也反映了稳压电路的性能。

1. 稳压系数 S_r

稳压系数又称电压调整特性,是指在负载不变的条件下,稳压电路的输出电压 U_o 的相对变化量与输入电压 U_i 的相对变化量之比

$$S_r = \left.\frac{\Delta U_o / U_o}{\Delta U_i / U_i}\right|_{\Delta I_o = 0} \times 100\%$$

在输入电压发生变化时,这项指标可以反映稳压电路输出电压的稳定程度。

2. 负载调整特性 S_i

负载调整特性是指在输入电压 U_i 保持不变时,稳压电路的输出电压 U_o 的相对变化量与输出电流 I_o 的变化量之比

$$S_i = \left.\frac{\Delta U_o / U_o}{\Delta I_o}\right|_{\Delta U_i = 0} \times 100\%$$

负载调整特性体现了负载变化时输出电压的稳定性。

3. 输出电阻 R_o

输出电阻是指在输入电压 U_i 不变时,负载变化导致的输出电压 U_o 变化量与输出电流 I_o 变化量之比

$$R_o = \left.\frac{\Delta U_o}{\Delta I_o}\right|_{\Delta U_i = 0}$$

输出电阻越小,负载变化对输出电压的影响也越小,反映了稳压电路带负载能力。

4. 纹波抑制比 PSRR

在输入和输出条件保持不变时,输入纹波电压峰值 U_{IP} 与输出纹波电压峰值 U_{OP} 之比

$$\text{PSRR} = 20\lg\frac{U_{IP}}{U_{OP}}(\text{dB})$$

纹波抑制比反映了稳压电路对交流电成分的抑制能力,通常用分贝来表示。

5.3.3　三端集成稳压器及其应用

将串联反馈式稳压电路和过流、过热及短路保护等各种保护电路利用工艺集成在一个芯片上就是常见的集成稳压器，它一般只包含输入端、输出端和公共端三个端子，也称为三端式集成稳压器或三端稳压器。三端稳压器接线简单、使用安全可靠，具有很高的性价比，目前正被广泛使用，常见的有固定输出、可调输出及低压差等几种类型。

1. 三端固定输出稳压器

(1) 三端固定输出稳压器型号及外形封装

三端固定集成稳压器的输出电压是固定的，其型号及意义如图 5-8 所示。

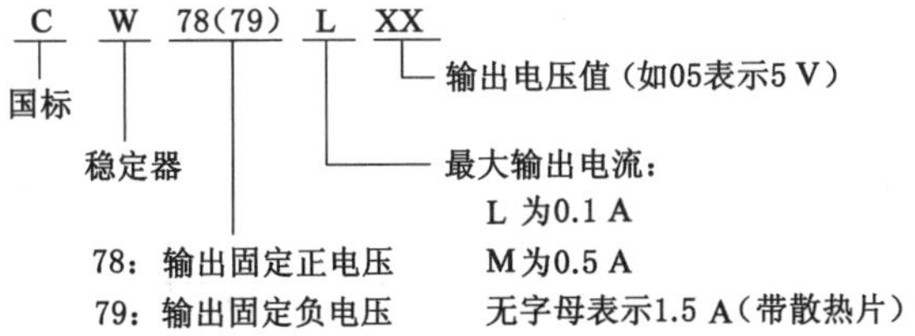

图 5-8　三端固定集成稳压器型号意义

CW 表示国标产品，常用的有 78××和 79××系列。78××系列输出固定正电压，有 5、6、7、8、9、10、12、15、18、20 和 24 V 共 11 种，输出电压的大小通过型号尾部数字表示，该系列输出电流通过字母表示，有 0.1 A、0.5 A、1.5 A、3 A、5 A 等 5 种。相应地，79××系列输出固定负电压，如 CW79L05 表示稳压器输出电压为－5 V、输出电流为 0.1 A。

常用的三端固定集成稳压器其外形封装及电路符号如图 5-9 所示，TO-3 封装通常为金属壳菱形式，TO-220 封装通常为塑料直插式，其他封装还有 TO-92、D-PAK 等封装方式。

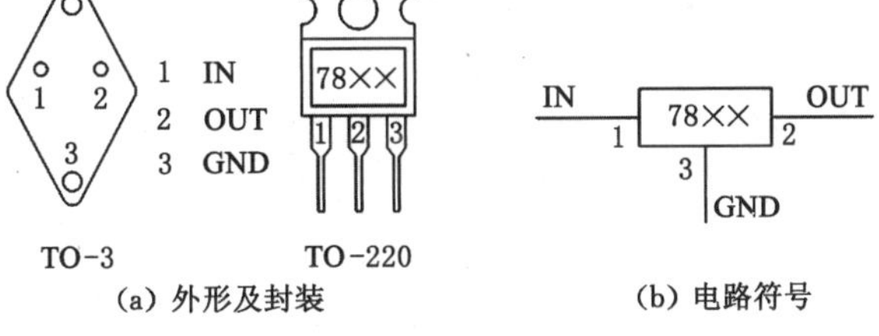

图 5-9　常见三端固定集成稳压器封装

不同的集成稳压器，其厂家不同，型号也众多，在使用时需要查找相应的产品手册，来获取相关电气参数、性能指标及外形封装尺寸等信息。对于大部分三端稳压器需要注意输入端和输出端的最小压差，通常最小压差为 2 V，为使稳压器正常工作，在实际使用时要注意保持压差大于 2 V。

2. 三端可调输出稳压器

(1) 三端可调输出稳压器型号及外形封装

相较于三端固定输出稳压器只能输出固定电压值,三端可调输出稳压器输出电压可调,使用起来更为方便,其型号及意义如图 5-10 所示。

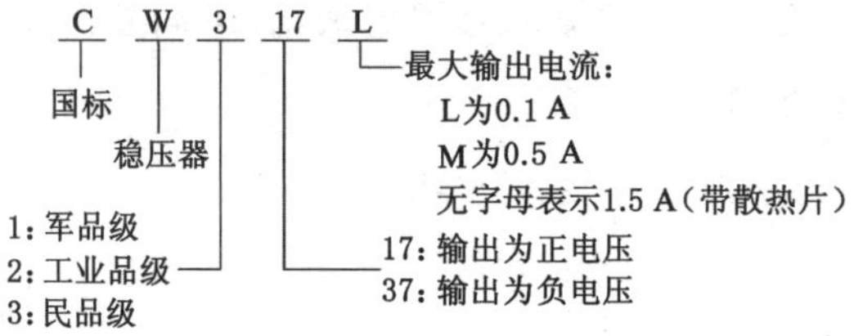

图 5-10 三端可调输出稳压器型号意义

三端可调输出稳压器也有两种类型:正电压输出系列(如 CW317L)和负电压输出系列(如 CW337L),每个系列根据输出电流的大小也分为不同类别。三端可调输出稳压器使用了更先进的内部电路设计和集成工艺,输出电压连续可调,比三端固定稳压器更具性价比。CW117 系列主要性能如下:

· 输出电压可调范围:1.2～37 V;

· 最大输出电流:1.5 A;

· 电压调整率:0.01%;

· 负载调整率:0.1%;

· 输出与输入电压差允许范围:3～40 V。

常用三端可调集成稳压器外形封装及符号与三端固定稳压器相似,如图 5-11 所示。

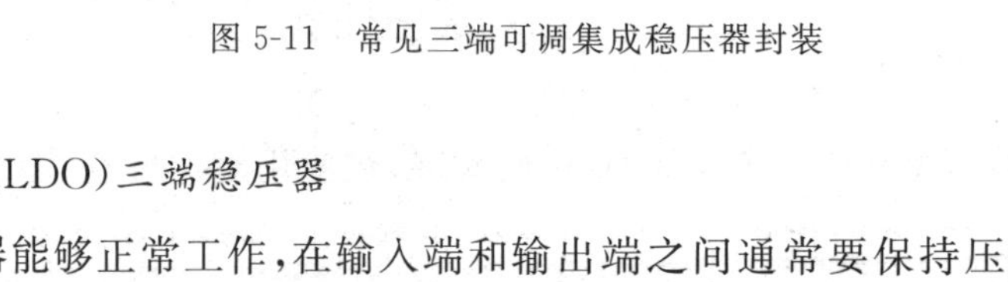

图 5-11 常见三端可调集成稳压器封装

3. 低压差(LDO)三端稳压器

为使稳压器能够正常工作,在输入端和输出端之间通常要保持压差大于 2 V,而这不利于减小其自身损耗及其在便携式产品中的应用。近年发展起来的 LDO 三端稳压器不仅具有极低的输入输出压差，还有较高的电源效率，在各种以电池为动力的便携产品中得到广泛应用。

低压差稳压器和普通三端稳压器相似，也有固定电压输出和可调电压输出，型号众多，使用方法也和普通稳压器一样。其最大特点就是输入输出的压差可以做到很低，如 LM1117 就是一款低压差三端稳压器系列，LM1117 提供电流限制和热保护，具有 TO-263、SOT-223、TO-220 和 D-PAK 等多种封装形式。不仅提供 1.8 V、2.5 V、2.85 V、3.3 V、5 V 等五个档次的固定输出电压版本，也提供可调电压版本，输出电压在 1.25 V 至 13.8 V 之间可调，压差为 1.2 V，输出电流可达 800 mA，具有过流保护、过热保护等功能，被广泛应用于手机、数码相机等多种消费类便携产品。低压差线性稳压器通常具有极低的自有噪声和较高的电源抑制比。

4. 三端输出稳压器的应用

(1) 三端固定输出稳压器典型应用

① 正电压输出稳压电路

如图 5-12(a)为三端固定输出稳压器的典型应用电路，其正常工作时，应注意保持输入输出 2 V 的电压差，从而在输出端得到稳定的直流电压。电容 C_1、C_2 分别接在输入输出端，用来抑制引入的高频干扰，实现频率补偿，可在 0.1～1 μF 之间取值，电容 C_3 用来滤除低频干扰，二极管 D 跨接在输入输出端，在输入端短路时起保护作用，一般情况下也可以不接。

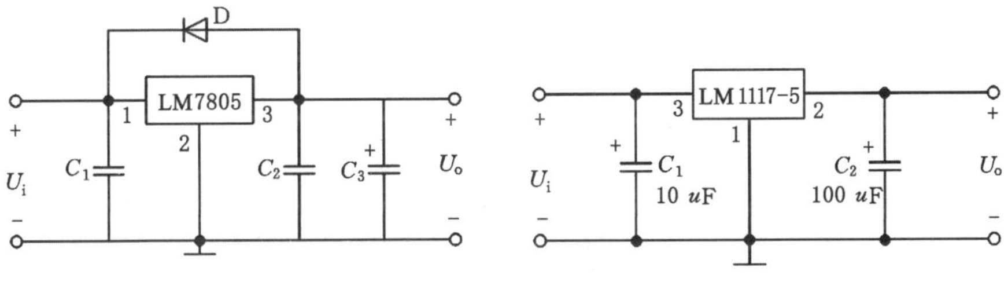

图 5-12　三端固定输出稳压器的典型应用

如图 5-12(b)为低压差三端稳压器 LM1117 固定型应用，其与普通三端稳压器的使用方法相似，输出电压为 5 V。

② 正负对称输出稳压电路

如图 5-13 所示，利用 78××系列和 79××系列构成正、负对称的两组电源，可以同时在输出端得到正、负两路输出电压。

(2) 三端可调输出稳压器的典型应用

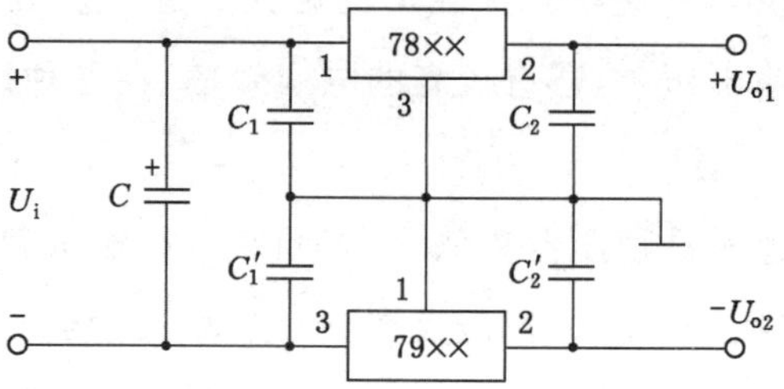

图 5-13　正负对称输出稳压电路

LM317 是应用最为广泛的电源集成电路之一，它不仅具有固定式三端稳压电路的最简单形式，又具备输出电压可调的特点。此外，还具有调压范围宽、稳压性能好、噪声低、纹波抑制比高等优点。其主要性能参数如下。

· 输出电压：1.25—37 V DC 连续可调；

· 输出电流：5 mA−1.5 A；

· 芯片内部具有过热、过流、短路保护电路；

· 最大输入-输出电压差：40V DC；

· 最小输入-输出电压差：3V DC；

· 使用环境温度：−10−+85 ℃。

① 可调输出稳压电路

如图 5-14 为由 LM317 构成的可调输出稳压电路，输出端接脚间的电位差为 1.25 V，通过 R_1、R_2 两个电阻来调节输出电压。输出电压为

$$U_o = 1.25 + I \times R_2 = 1.25 + \frac{1.25}{R_1} \times R_2 = 1.25(1 + \frac{R_2}{R_1})$$

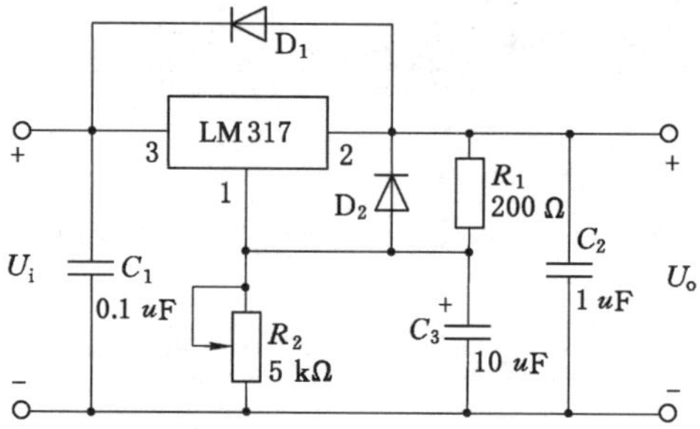

图 5-14　三端可调输出稳压电路

由公式可知，只要改变 R_2 的阻值就可以获得不同的输出电压 U_o。电容 C_3 为调节端滤波电容，用于调压时保持输出电压稳定，并具有软启动电路的作用。二极管 D_1、D_2

在输入端或输出端短路时起保护作用，用于防止电容放电引起的芯片损坏，如输出端短路时，C_3 通过 D_2 放电，若没有二极管，则电容通过 LM317 放电，容易导致芯片损坏。

② 利用大功率管组成扩流电路

三端可调输出稳压器 LM317 最大输出电流为 1.5 A，有时不能满足大电流的应用场合，这时可以外接大功率管来进行扩流，如图 5-15 所示，该电路不仅可以满足扩流功能，还可以实现过流保护。图中 T_{P1} 为硅三极管 MJ2955，外形如图 5-16 所示，它是一种常用的 PNP 型大功率管，耐压 60 V，集电极最大输出电流可达 15 A。T_{P1} 和 R_1、R_2、D_1 等组成扩流电路，R_1 为泄流电阻，用于检测 *LM*317 流过的工作电流，当 R_1 两端电压达到 T_{P1} 发射结开启电压时，T_{P1} 进入线性放大状态，集电极端输出一个较大的电流 I_C，由于 $I_o = I_L + I_C$，这样就在输出端获得比 LM317 最大输出电流还要大得多的电流，从而实现了扩流的目的。图中 R_2 是过流保护取样电阻，当输出电流过大，超过限值时，R_2 上的压降增大，使得 T_{P1} 发射结电压降低，T_{P1} 截止，此时输入电流只能通过 D_1、R_1 流入 LM317，激活 LM317 内部的过流过热保护电路，使输出电流自动降低，从而达到过流保护的作用。

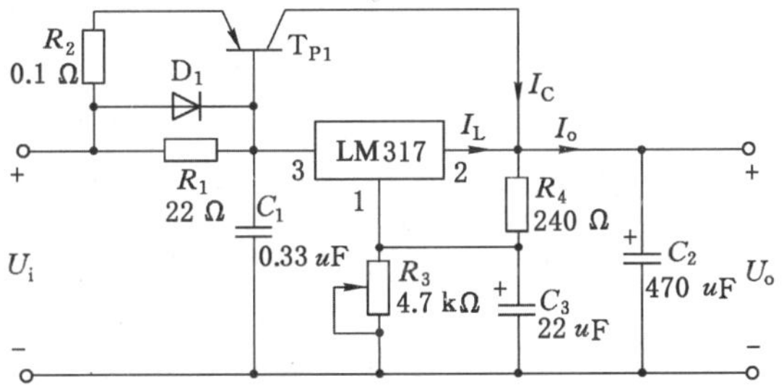

图 5-15　利用大功率管组成的扩流电路

图 5-16　LM317 与大功率管 MJ2955 实物图

③ 组成恒压恒流充电电路

如图 5-17 所示电路可以对多节镍氢或者镍镉等电池进行充电，并且具有恒压、恒流控制功能。

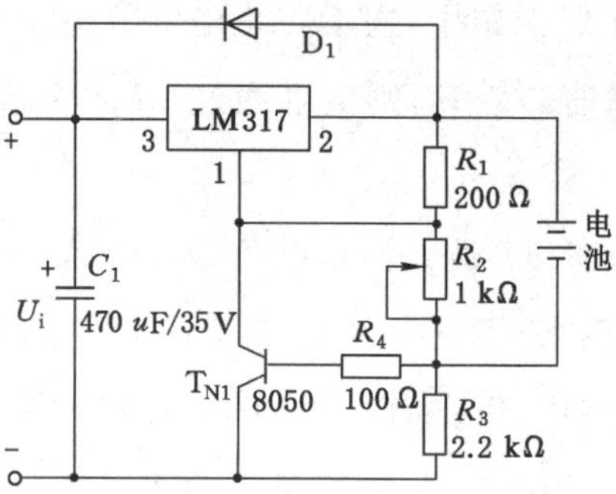

图 5-17 LM317 充电电路

改变 R_2、R_3 阻值,可以设置充电截止电压大小和限流值。调整 R_2,使得 R_1、R_2 分压为电池充满时的最高电压,以避免电池过充。对于充电电流要选取合适的值,不要过大或过小,图中三极管 T_{N1} 和电阻 R_3、R_4 组成限流网络,可以根据需要改变 R_3 阻值进行限流设置。限流网络与充电电池串联,当流经电阻 R_3 的电流过大时,R_3 上压降增大,超过三极管开启电压,T_{N1} 导通,使得输出电压降低,电池上流过电流减小,实现限流作用。

5. 集成三端稳压器使用注意事项

(1) 功耗较大时需要加散热器。集成三端稳压器是一种功率器件,内部调整管的最大结温影响其功耗,通过外加散热器提高稳压器的散热能力,从而提高它在正常工作时所能承受的最大功率。

(2) 输入输出端电容要使用高频性能好的无极性电容器,应尽量靠近集成块引脚,加粗输入、输出端导线并注意电路的布局以提高稳压性能。

(3) 应保持输入输出之间的最小电压大于 2 V。

5.4 线性直流稳压电源实验

5.4.1 实验目的

(1) 学习仪器仪表的使用方法。

(2) 学习元器件基本知识及使用集成稳压器来设计直流稳压电源的方法。

(3) 学习自己组装实验电路,掌握测量方法,自主测试相关参数指标。

(4) 对测试结果进行分析总结,锻炼独立解决问题的能力。

5.4.2　实验参考电路

1. LM7805 简介

实验电路使用三端固定输出稳压器 LM7805，由仙童半导体公司（Fairchild Semiconductor）生产，芯片内部结构如图 5-18 所示，有 TO-220/D-PAK 两种封装形式。LM7805 输出电压为 5 V，输出电流可达 1 A，内部带有过流、过热和调整管保护电路，其价格便宜、电路简单、使用可靠方便，应用范围非常广泛。

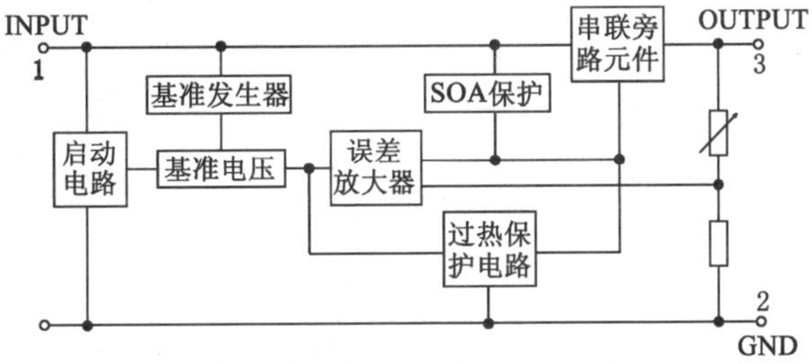

图 5-18　LM7805 内部结构框图

LM7805 主要参数如表 5-3 所示：

表 5-3　LM7805 三端固定集成稳压器主要参数

参数名称	最小值	典型值	最大值	测试条件
输入电压 U_I/V	7	10	35	T_J=25 ℃
输出电压 U_o/V	4.8	5	5.2	T_J=25 ℃
	4.75	5	5.25	5 mA≤I_o≤1 A；P_o≤15 W；7 V≤U_i≤20 V
线性调整率 ΔU_o/mV	—	4	100	T_J=25 ℃；7 V≤U_I≤25 V
	—	1.6	50	T_J=25 ℃；8 V≤U_i≤12 V
负载调整率 U_o/mV	—	9	100	T_J=25 ℃；5 mA≤I_o≤1.5 A
	—	4	50	T_J=25 ℃；250 mA≤I_o≤750 mA
静态电流 I_Q/mA	—	5	8	T_J=25 ℃
峰值电流 I_{PK}/A	—	2.2	—	T_J=25 ℃
输出噪声电压 U_N/μV	—	42	—	T_A=25 ℃；10 Hz≤f≤100 kHz
输出阻抗 R_o/mΩ	—	15	—	f=1 kHz

2. 实验参考电路

实验参考电路如图 5-19 所示，是由变压器、桥式整流电路、电容滤波电路及 LM7805 构成的稳压电路四部分组成，为方便观察变化，变压器部分使用单相调压器替代以便于调整输入电压。

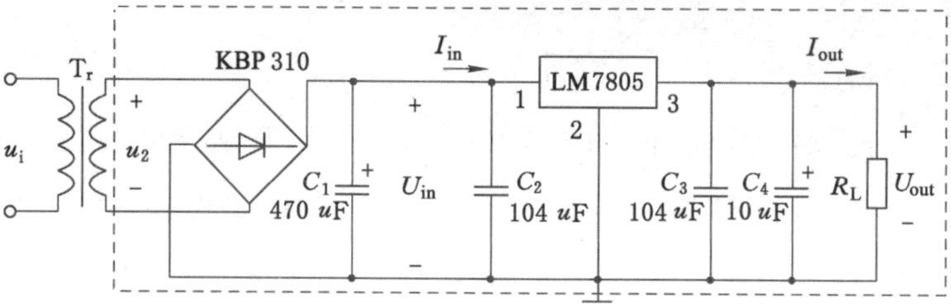

图 5-19　稳压电源实验参考电路

5.4.3　实验内容及注意事项

1. 实验电路板

(1) 实验电路板如图 5-20 所示，使用万能板焊接。

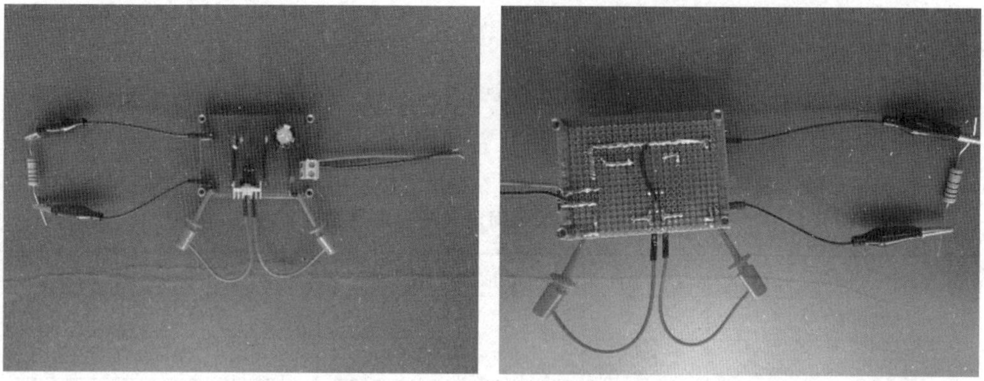

图 5-20　实验电路板实物图

(2) 元器件清单

表 5-4 为实验使用的元器件清单，实验前请仔细核对所发器件包中元器件型号及数量。

表 5-4　实验元器件清单

元器件	型号	数量
三端稳压芯片	LM7805	1
整流桥	KBP310	1
C_1	470 μF /35 V	1
C_2、C_3	0.1μF	2
C_4	10 μF /25 V	1

表 5-4(续)

元器件	型 号	数 量
R_L	10 Ω、51 Ω、100 Ω	3×1
万能板	绿油玻纤板	1
其他	接线端子、导线等	若干

2. 组装电路及测试内容

(1) 根据图 5-19 实验参考电路,焊接组装稳压电源。

(2) 不改变负载电阻,调整输入电压,完成输入输出压差对集成稳压芯片 LM7805 转化效率影响的测试。

(3) 不改变输入电压,切换不同负载电阻,完成负载变化对集成稳压芯片 LM7805 转化效率影响的测试。

(4) 将测试数据分别填入 5.4.4 节相应表格,并对结果进行分析。

3. 实验注意事项

(1) 实验器材由指导教师负责发放,组装前请各组完成清点及元器件测试。

(2) 焊接时注意稳压芯片、整流桥、电容等器件管脚及极性。

(3) 电路组装完成,请务必检查无误后再通电进行后续测试。

(4) 测量时注意万用表、示波器等设备的量程切换以免损坏设备。

(5) 可以使用拍照等方式记录组装完成的电路、设备显示内容等用于实验总结报告。

5.4.4　实验测试项目记录及结果分析

1. 功率、效率计算及分析

(1) 同一负载电阻

先取负载电阻 $R_L=100\ \Omega$,调节调压器电压,使得 u_2 有效值为表格中数值时,记录相应电压电流的数值并记入表 5-5,并用手触摸 7805 芯片感受温度变化。将负载电阻换为 $R_L=10\ \Omega$,重复上述测量并记入表 5-6。根据测量结果,计算相应的功率和效率,并根据所得结果分析 7805 两端不同压差对转化效率的影响。

R_L=100 Ω　　　　　　　　**表 5-5**

U_2/V	U_{in}/V	I_{in}/mA	U_{out}/V	I_{out}/mA	P_{in}/W	P_{out}/W	效率 η/%	温感
4.5								
7								
9								
15								

R_L=10 Ω　　　　　　　　**表 5-6**

U_2/V	U_{in}/V	I_{in}/mA	U_{out}/V	I_{out}/mA	P_{in}/W	P_{out}/W	效率 η/%	温感
4.5								
7								
9								
15								

注：温感请按以下感受级别填写（常温、温热、较热、烫手）。

(2) 不同负载电阻

调节调压器电压，使得 u_2 有效值 U_2=8 V 时，接入不同负载电阻，记录相应电压电流的数值并记入表 5-7。调整 u_2 有效值 U_2=12 V，重复上述测量并记入表 5-8。根据测量结果，计算相应的功率和效率，并根据所得结果分析负载变化对 7805 转化效率的影响。

U_2=8 V　　　　　　　　**表 5-7**

R_L/Ω	U_{in}/V	I_{in}/mA	U_{out}/V	I_{out}/mA	P_{in}/W	P_{out}/W	效率 η/%	温感
10								
51								
100								

U_2=12 V　　　　　　　　**表 5-8**

R_L/Ω	U_{in}/V	I_{in}/mA	U_{out}/V	I_{out}/mA	P_{in}/W	P_{out}/W	效率 η/%	温感
10								
51								
100								

注：温感请按以下感受级别填写（常温、温热、较热、烫手）。

2. 稳压系数、输出电阻和输出纹波

根据以上测量结果计算稳压电路的稳压系数和输出电阻(取均值),并通过示波器观察输出纹波大小。

3. 选择变压器完成测试

根据以上测量及分析结果,在负载为 $R_L = 510\ \Omega$ 时,选择一款变比合适的变压器焊接到电路板上,并观察输出电压和电流情况是否符合预期。

5.5 实验总结报告

(1) 使用标准实验报告纸撰写实验总结报告,认真填写各项内容。

(2) 简要叙述本实验相关的理论支撑内容,详细记录实验过程及各项测试数据。

(3) 按照要求完成相应计算及数据分析,并对课程实验进行总结。

(4) 报告中需体现实验给自己带来的亲身感受及思考等。

第6章　组合逻辑电路设计与应用

一个复杂的数字逻辑电路一般是由具有一定功能的数字单元电路组成的，而数字单元电路的设计在结构和实现途径上往往是多样的，只有掌握设计与实现的方法，才能具备真正的应用和解决问题的能力。数字单元电路的种类很多，如基本逻辑门电路与、或、非，复合逻辑门电路与非、或非等。

组合逻辑电路是数字电路中最简单的一类逻辑电路，任何一个时刻的输出状态只由该时刻的输入状态决定，与原态无关。组合逻辑电路的特点是，功能上无记忆、结构上无反馈。描述组合逻辑电路逻辑功能的方法主要有逻辑表达式、真值表、卡诺图和逻辑图等。实际中有许多常用的组合逻辑电路，如编码器、译码器、数据选择器、加法器都有现成的集成芯片。

组合逻辑电路的设计是根据实际逻辑问题，设计满足这一逻辑问题的电路。设计首要任务是满足逻辑功能，其次是优化，即采用指定器件以低成本高速度的方式来实现特定逻辑功能。电路的实现可以采用各种门电路，也可以采用现有的一些基本功能模块如译码器、数据选择器、加法器等，还可以采用可编程逻辑器件。

6.1　组合逻辑电路的设计过程

组合逻辑电路的设计过程大致如下：

（1）明确实际问题的逻辑功能。根据实际问题的逻辑功能描述，分析确定输入、输出变量及表示符号。

（2）根据功能描述列出真值表。

（3）由真值表写出逻辑表达式。

（4）简化和变换逻辑表达式，画出逻辑图。

[例 6-1]　设计一个加法运算电路，能够实现 2 位二进制数的加法运算。

解　(1) 明确逻辑功能，列出真值表。

设 A_1A_0 和 B_1B_0 分别为 2 位二进制数的加数和被加数，电路的输入变量有 4 个，2 位二进制数相加的结果至少需要 3 位来表示，设输出的结果分别为 $C_1S_1S_0$。

(2) 根据功能描述列出真值表，如表 6-1 所列。

表 6-1　真值表

输入				输出				输入				输出			
A_1	A_0	B_1	B_0	C_1	S_1	S_0	十进制数	A_1	A_0	B_1	B_0	C_1	S_1	S_0	十进制数
0	0	0	0	0	0	0	0+0=0	1	0	0	0	0	1	0	2+0=2
0	0	0	1	0	0	1	0+1=1	1	0	0	1	0	1	1	2+1=3
0	0	1	0	0	1	0	0+2=2	1	0	1	0	1	0	0	2+2=4
0	0	1	1	0	1	1	0+3=3	1	0	1	1	1	0	1	2+3=5
0	1	0	0	0	0	1	1+0=1	1	1	0	0	0	1	1	3+0=3
0	1	0	1	0	1	0	1+1=2	1	1	0	1	1	0	0	3+1=4
0	1	1	0	0	1	1	1+2=3	1	1	1	0	1	0	1	3+2=5
0	1	1	1	1	0	0	1+3=4	1	1	1	1	1	1	0	3+3=6

(3) 由真值表写出逻辑表达式

画出各输出函数卡诺图，如图 6-1 所示，根据卡诺图写出各输出的逻辑表达式，并化简变换。

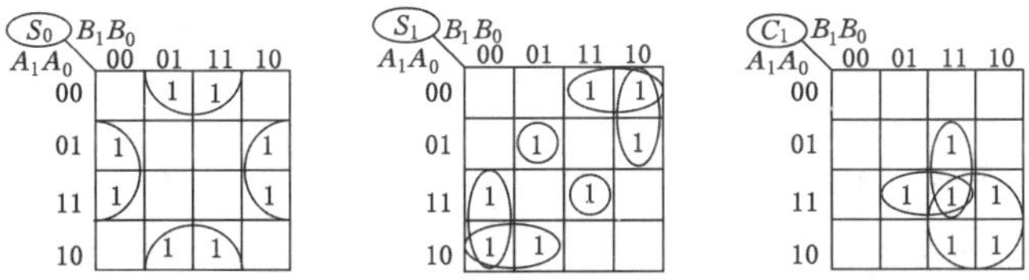

图 6-1　例 6-1 卡诺图

$$S_0=A_0\bar{B}_0+\bar{A}_0B_0=A_0\oplus B_0$$

$$S_1=\bar{A}_1\bar{A}_0B_1+\bar{A}_1B_1\bar{B}_0+A_1\bar{B}_1\bar{B}_0+A_1\bar{A}_0\bar{B}_1+\bar{A}_1A_0\bar{B}_1B_0+A_1A_0B_1B_0$$

$$=\bar{A}_1B_1(\bar{A}_0+\bar{B}_0)+A_1\bar{B}_1(\bar{B}_0+\bar{A}_0)+A_0B_0(\bar{A}_1\bar{B}_1+A_1B_1)$$

$$=A_1\oplus B_1\overline{A_0B_0}+\overline{A_1\oplus B_1}A_0B_0=A_1\oplus B_1\oplus(A_0B_0)$$

$$C_1=A_1B_1+A_0B_1B_0+A_1A_0B_0=A_1B_1+A_0B_0(A_1\oplus B_1)$$

(4) 根据简化和变换逻辑表达式，画出如图 6-2 所示逻辑图。

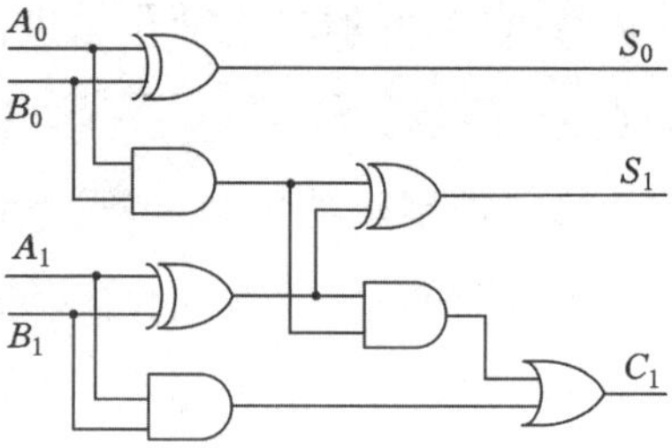

图 6-2　例 6-1 逻辑图

注意:这些步骤并不是固定不变的,可以根据题目的难易程度作具体分析,更好、更客观地完成设计任务。

6.2　常用逻辑芯片介绍

6.2.1　基本逻辑门芯片

基本逻辑门一共有七种:与门(AND)、或门(OR)、非门(NOT)、与非门(NAND)、或非门(NOR)、异或门(XOR)、同或门(XNOR),它们的名称通常用大写字母表示,其中同或门的应用较少,每一种逻辑门电路都有集成芯片。按照制造门电路晶体管的不同,主要又分为 TTL 门电路和 CMOS 门电路。

TTL 系列晶体管部件编码以 74 开头,需要在较大的电流下运行,功耗较大,但是对静电较不敏感,运行速度也很快。如今仍能见到部件编码以 74LS 开头的一些老式 TTL 芯片,但是已经不太常用了。CMOS 系列晶体管,它可接受的电源电压范围较大,但易受静电损坏。老式 CMOS 晶体管为 4000 系列,现在很多电子爱好者仍青睐使用 4000B 系列芯片,4000B 系列芯片较老式 CMOS 芯片性能有所提升。新一代 CMOS 芯片编号以“74”开头,来强调与 TTL 电路的兼容性,并且交换了引脚功能,改变了电压要求,以匹配 TTL 芯片。常用的有 74HCxx,74HCTxx,74LVCxx 系列等。

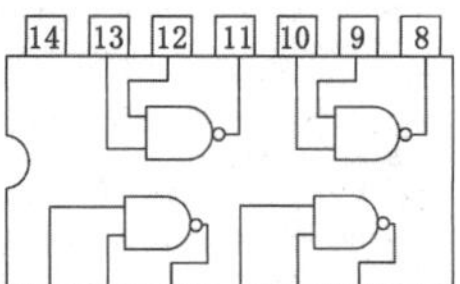

图 6-3　2 输入与门 7400

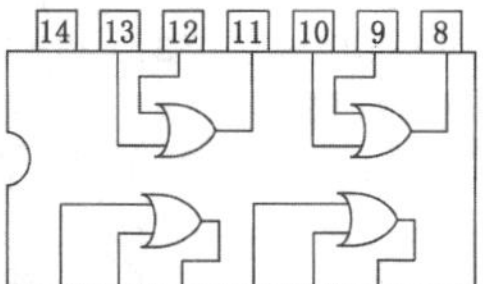

图 6-4　2 输入或门 7432

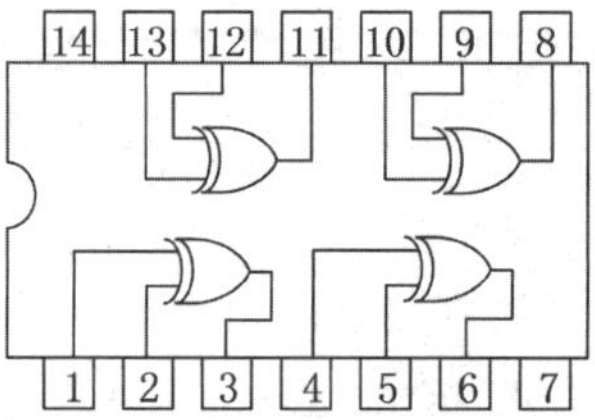

图 6-5　2 输入异或门 74386

目前能买到的大多数为通孔 14 引脚 HC 系列逻辑芯片，它将多个同种类型门电路集成在一个芯片中。如图 6-6 所示的逻辑芯片 74HC00，它将四个与非门电路集成在一个芯片内部。图 6-4 为 4 个 2 输入或门 74HC32，图 6-5 为 4 个 2 输入异或门 74HC386。这些芯片的编号写成了最短形式，因此，7400 芯片的实际编号可能是 74HC00、74HCT00 等，编号前后会添加其他字母编码；但是它通常被称作 7400 芯片。使用芯片前，一定要根据生产商的数据表检查引脚功能。芯片的内部连接可能会遵循相似的模式，但是也有例外。

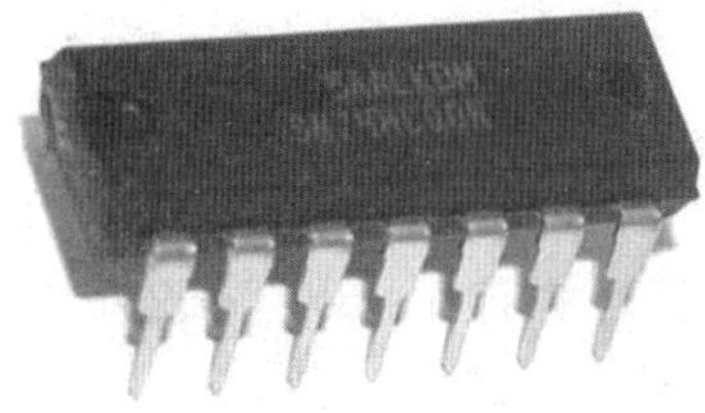

图 6-6　DIP 封装 74HC00

图 6-7　SOP 封装 74HC08

图 6-8　TTSOP 封装 74HC00

图 6-6、图 6-7、图 6-8 展示了 74HC00 的三个集成电路芯片。它们采用了不同的封装，图 6-6 的芯片是老式的通孔类型，做成双列直插式封装(dual inline package，DIP)，即有两排(双列)引脚，引脚间距为 1/10 英寸，它能直接插在面包板或多孔板的小洞中使用，右侧芯片是表面安装类型封装。很多通孔芯片和表面安装芯片的功能完全相同，主要是在尺寸上有区别，有一些表面安装芯片的工作电压会更低。表面安装封装通常可以根据 S 开头的首字母缩写识别，例如 SOP(small out-line package)，图 6-8 所示的就是 74HC00 贴片封装的芯片。SOP 封装的应用范围很广，随后逐渐派生出 SOJ(J 型引脚小外形封装)、TSOP(薄小外形封装)、VSOP(甚小外形封装)、SSOP(缩小型 SOP)、TSSOP(薄的缩小型 SOP)及 SOT(小外形晶体管)、SOIC(小外形集成电路)等，

图 6-8 为 TTSOP 封装 74HC00 芯片。表面安装芯片的种类繁多,引脚间距和其他规格各不相同。

大写字母“SN”表示生产商为德州仪器,字母后面是一串数字可能是 2 个、3 个、4 个或 5 个,它们表明芯片的特殊功能,HC 代表高速 CMOS 芯片,7400 代表与非门,结尾的字母代表它的封装形式,N 为双列直插式封装。

常用基本逻辑门还有如下型号 7400(与非)、7402(或非)、7404(非)、7420(双四输入与非)、7421(双四输入与非)等,使用中需要查阅相关数据手册。

CMOS 集成芯片在使用过程中还需要注意以下几个问题:

(1) CMOS 集成芯片易因静电而受损

如果直接接触 CMOS 芯片引脚,有可能会损坏芯片。购买的芯片通常会用导电塑料管包装,或者把引脚插入导电泡沫中,塑料管和泡沫可以保护芯片,确保所有的引脚电势基本相等。没有导电泡沫,也可以将芯片的引脚插入铝箔中。

(2) CMOS 逻辑门电路的输出可以直接连接到另一个门电路的输入

一个门电路的输出可以作为其他多个门电路的输入(称为“扇出”)。确切的比例取决于所使用芯片的扇入扇出数，一般 74HCxx 系列芯片的逻辑输出至少可以作为十枚芯片的输入。

(3) CMOS 逻辑门电路输入不能悬空

CMOS 芯片(例如 HC 芯片族)的所有输入引脚必须接入某个已知电压,包括芯片上用不到的门电路输入引脚。

(4) CMOS 逻辑门电路输出引脚不要施加大电压或大电流

不要将两个或两个以上的逻辑门输出连接在一起。HC 系列的逻辑芯片输出的电流一般不能超出 5 mA。

6.2.2 常用逻辑门芯片

1. 编码器

数字系统中,经常需要将一种代码转换为另一种代码,以满足特定的需要,完成这种功能的电路称为码转换电路。编码器和译码器都是码转换电路。编码是将具有特定含义的信息用二进制代码表示的过程,把能够实现编码功能的逻辑电路称为编码器。8 线-3 线优先编码器 CD4532 是 CMOS 中规模集成电路,其功能表如表 6-2 所示,逻辑图和引脚图如图 6-9 所示。

表 6-2　优先编码器 CD4532 功能表

输入									输出				
EI	I_7	I_6	I_5	I_4	I_3	I_2	I_1	I_0	Y_2	Y_1	Y_0	GS	EO
0	×	×	×	×	×	×	×	×	0	0	0	0	0
1	0	0	0	0	0	0	0	0	0	0	0	0	1
1	1	×	×	×	×	×	×	×	1	1	1	1	0
1	0	1	×	×	×	×	×	×	1	1	0	1	0
1	0	0	1	×	×	×	×	×	1	0	1	1	0
1	0	0	0	1	×	×	×	×	1	0	0	1	0
1	0	0	0	0	1	×	×	×	0	1	1	1	0
1	0	0	0	0	0	1	×	×	0	1	0	1	0
1	0	0	0	0	0	0	1	×	0	0	1	1	0
1	0	0	0	0	0	0	0	1	0	0	0	1	0

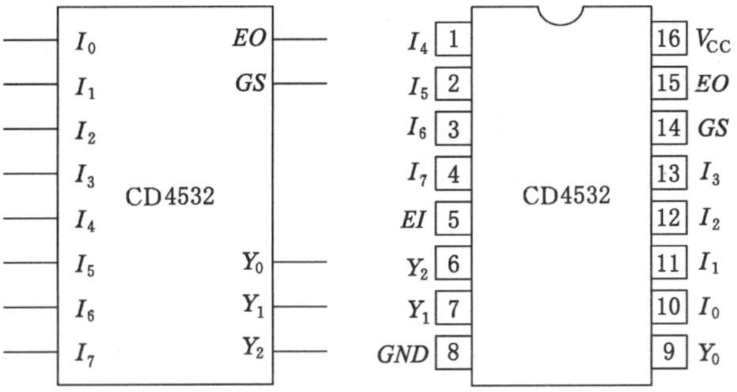

图 6-9　优先编码器 CD4532 的逻辑图和引脚图

从功能表 6-2 中可以看出，当 $EI=0$ 时编码器处于非工作状态，无编码输出，输出均为 0，同时 $GS=0$，$EO=0$；当 $EI=1$ 时，表示编码器工作，此时当 $I_0 \sim I_7$ 任意一个输入有效 1 时，输出有效编码，同时 $GS=1$，$EO=0$；当 $EI=1$ 时但输入无效时，$GS=0$，$EO=1$，输出 $Y_2Y_1Y_0=000$，为非编码输出，以区别 I_0 有效输入时的编码 000。一般集成电路具有通用性、可扩展性，通过功能控制端可以将多个芯片组合起来实现功能扩展，构成新的逻辑电路。

常用编码器还有如下型号 74xx147、74xx148、74xx149 等，其功能与 CD4532 类似，注意引脚排列会有可能不同，在使用中需要查阅相关数据手册。

2. 译码器

译码是编码的逆过程，它的功能是将具有特定含义的二进制码转换成对应的输出信号，具有译码功能的逻辑电路称为译码器。常用的集成二进制译码器有 74HC138，其逻辑符号和引脚图如图 6-10 所示。

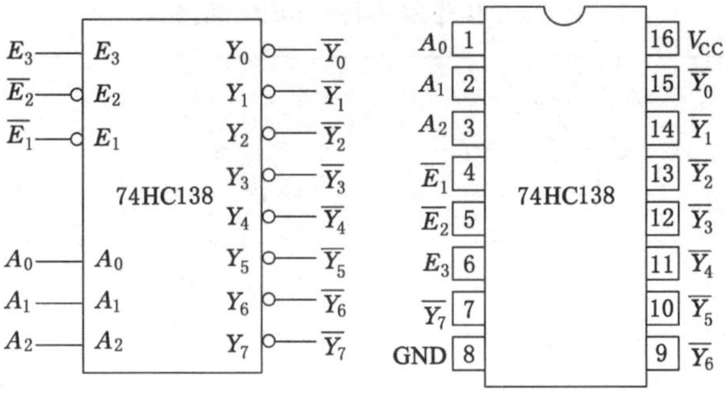

图 6-10 3 线—8 线译码器 74HC138 的逻辑图和引脚图

逻辑符号说明:74HC138 逻辑符号框外部的 E_3、$\overline{E_2}$、$\overline{E_1}$ 和$\overline{Y_0}$ ~$\overline{Y_7}$ 作为变量符号,表示外部输入或输出信号名称,字母上面的"—"号说明该输入或输出是低电平有效。符号框内部的输入、输出变量表示其内部的逻辑关系,全部为高电平有效。当输入或输出为低电平有效时,符号框外部逻辑变量 $\overline{E_2}$、$\overline{E_1}$ 和$\overline{Y_0}$ ~$\overline{Y_7}$ 的逻辑状态与符号框内相应的 E_2、E_1、Y_0 ~Y_7 的逻辑状态相反。在推导表达式的过程中,如果低有效的输入或输出变量上面的"—"号参与运算,则在画逻辑图或验证真值表时,注意将其还原为低有效符号。

表 6-3 74HC138 集成译码器功能表

输入						输出							
E_3	$\overline{E_2}$	$\overline{E_1}$	A_2	A_1	A_0	$\overline{Y_0}$	$\overline{Y_1}$	$\overline{Y_2}$	$\overline{Y_3}$	$\overline{Y_4}$	$\overline{Y_5}$	$\overline{Y_6}$	$\overline{Y_7}$
0	×	×	×	×	×	1	1	1	1	1	1	1	1
×	1	×	×	×	×	1	1	1	1	1	1	1	1
×	×	1	×	×	×	1	1	1	1	1	1	1	1
1	0	0	0	0	0	0	1	1	1	1	1	1	1
1	0	0	0	0	1	1	0	1	1	1	1	1	1
1	0	0	0	1	0	1	1	0	1	1	1	1	1
1	0	0	0	1	1	1	1	1	0	1	1	1	1
1	0	0	1	0	0	1	1	1	1	0	1	1	1
1	0	0	1	0	1	1	1	1	1	1	0	1	1
1	0	0	1	1	0	1	1	1	1	1	1	0	1
1	0	0	1	1	1	1	1	1	1	1	1	1	0

74HC138 是 3 线-8 线译码器,其功能表如表 6-3 所示。该译码器有 3 位二进制输入 A_2、A_1、A_0 共有 8 种输入状态的组合,可译出 8 种输出信号 $\overline{Y_0}$ ~$\overline{Y_7}$,输出为低电平有效。为了方便电路功能的扩展,74HC138 提供了三个使能输入端E_3、$\overline{E_2}$ 和$\overline{E_1}$,当E_3=

$1,\overline{E_2}=\overline{E_1}=0$ 时，译码器处于工作状态，$\overline{Y_i}=\overline{m_i}$，即编号为 i 个输出为对应输入编号为 i 的最小项。

常用译码器还有如下型号 74xx139（双 2-4 线）、74xx154（4-16 线）等，其功能与 74HC138 类似，注意引脚排列会有可能不同，在使用中需要查阅相关数据手册。

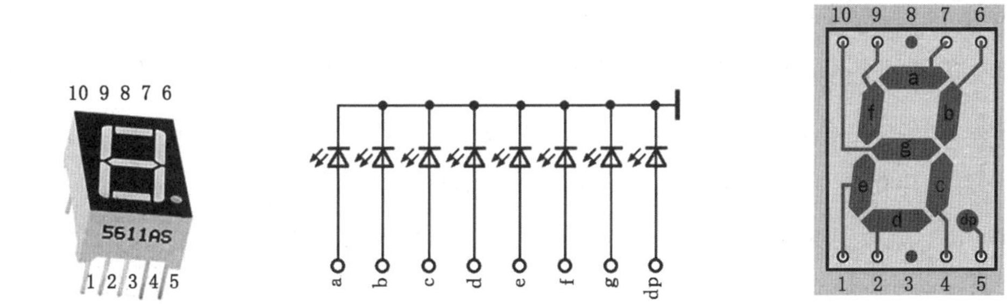

(a) 共阴极七段数码管　　(b) 共阴极数码管二极管等效电路　　(c) 数码管内部连接图

图 6-11　共阴极数码管

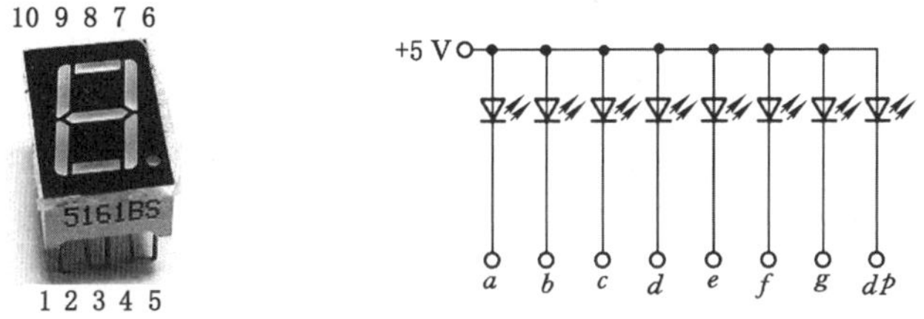

(a) 共阳极七段数码管　　(b) 共阳极数码管二极管等效电路

图 6-12　共阳极数码管

3. 显示译码器

在数字测量仪表和各种数字系统中，都需要将数字量直观地显示出来，数字显示电路通常由译码驱动器和显示器等部分组成。数码显示器就是用来显示数字、文字或符号的器件。七段式数字显示器是目前常用的显示方式，普遍使用的七段式数字显示器发光器件有发光二极管和液晶显示器两种。七段数字显示器又称数码管，如图 6-11(a) 所示的高为 0.56 英寸的共阴极数码，它的引脚间距为 0.1 英寸的倍数，这样有利于在面包板上使用。这类显示器采用发光二极管构成，能够在 2 V 正向电压和 5 mA 正向电流下工作，图 6-11(b) 为共阴极数码管的二极管等效电路。图 6-11(c) 展示了共阴极数码管的引脚位置和数码段间的内部连接，其内部每个数码段是由发光二极管组成，七个数码段和 1 个小数点共八个二极管，二极管的阴极共接在一起，所以称为共阴极数码管。如图 6-11(c) 中心为蓝色的 3 脚和 8 脚，为共阴极数码管的公共端，应接地或负极，当其他引脚接收到高电平时，相应的二极管发光，数码段 LED 亮起，显示出相应的数码。实际中也有共阳极数码管如图 6-12 所示，它们的内部发光二极管阳极共接高电平，LED 显示段由低电平驱动。在实际使用中共阴极数码管的应用更广泛。

数字逻辑电路采用二进制数来表示，为了能够使数码管直接能显示十进制数，必须将十进制数的代码经译码器译出，然后经驱动器点亮对应的段。例如，对于 8421BCD 码的 0011 状态，对应的十进制数为 3，则译码驱动器应使 a、b、c、d、g 各段点亮。显示译码器的功能就是，对应于某一组数码输入，对应的几个输出端有相应有效信号输出。常用的集成显示译码器有两类，一类译码器输出高电平有效信号，用来驱动共阴极数码管，另一类输出低电平有效信号，以驱动共阳极数码管。

CD4543 是常用的 CMOS 七段显示译码器，其逻辑符号如图 6-13 所示。该集成显示译码器设有三个辅助控制端 LE 、BI 和 Ph，以增强器件的功能。当 Ph 接交流脉冲信号时，可以驱动液晶显示器；Ph 接 1 时，CD4543 可以驱动共阳极数码管；Ph 接 0 时，CD4543 可以驱动共阴极数码管。驱动共阴极数码管的功能表如表 6-4。

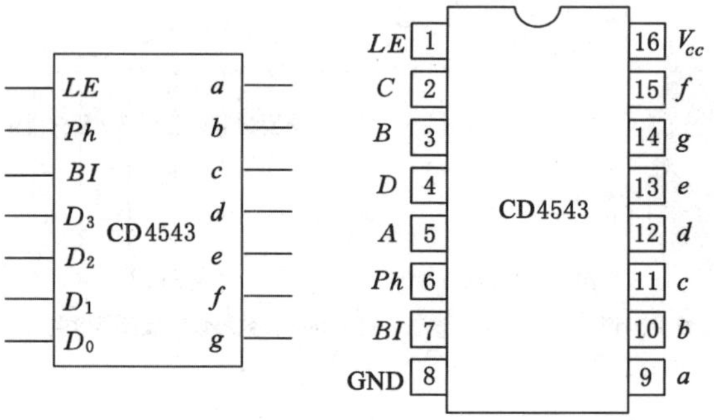

图 6-13　显示译码器 CD4543 逻辑图和引脚图

表 6-4　CD4543 功能表(Ph=0)

十进制数	输入						输出							字形
或功能	LE	BI	D	C	B	A	a	b	c	d	e	f	g	
灭灯	×	1	×	×	×	×	0	0	0	0	0	0	0	消隐
0	1	0	0	0	0	0	1	1	1	1	1	1	0	0
1	1	0	0	0	0	1	0	1	1	0	0	0	0	1
2	1	0	0	0	1	0	1	1	0	1	1	0	1	2
3	1	0	0	0	1	1	1	1	1	1	0	0	1	3
4	1	0	0	1	0	0	0	1	1	0	0	1	1	4
5	1	0	0	1	0	1	1	0	1	1	0	1	1	5
6	1	0	0	1	1	0	1	0	1	1	1	1	1	6
7	1	0	0	1	1	1	1	1	1	0	0	0	0	7
8	1	0	1	0	0	0	1	1	1	1	1	1	1	8
9	1	0	1	0	0	1	1	1	1	1	0	1	1	9

表 6-4(续)

十进制数或功能	输入						输出							字形
	LE	$\overline{BI}$	D	C	B	A	a	b	c	d	e	f	g	
10	1	0	1	0	1	0	0	0	0	0	0	0	0	消隐
11	1	0	1	0	1	1	0	0	0	0	0	0	0	消隐
12	1	0	1	1	0	0	0	0	0	0	0	0	0	消隐
13	1	0	1	1	0	1	0	0	0	0	0	0	0	消隐
14	1	0	1	1	1	0	0	0	0	0	0	0	0	消隐
15	1	0	1	1	1	1	0	0	0	0	0	0	0	消隐

CD4543 驱动共阴极数码，将 Ph 接 0，当 $\overline{BI}=1$ 时，无论其他输入端是什么电平，所有各段输出 $a \sim g$ 均为 0，字形熄灭。该输入端可以用于将不必要显示的零熄灭。当 $\overline{BI}=0$，$LE=1$ 时，输入 8421BCD 码，输出高电平有效，显示相应十进制数码；当输入为 1010～1111 六个状态时，输出全为低电平，显示器无显示。CD4543 驱动共阳极数码管时，则需将 $Ph=1$，当 $\overline{BI}=0$，$LE=1$，输入 8421BCD 码，输出低电平有效，显示相应十进制数码。

常用显示译码器还有如下型号 74xx248、74xx48、CD4558 等，其功能与 CD4543 类似，注意引脚排列会有可能不同，在使用中需要查阅相关数据手册。

4．数据选择器

数据选择是指经过选择，把多路数据中的某一路数据传送到公共数据线上，实现数据选择功能的逻辑电路称为数据选择器。它的作用相当于多个输入的单刀多掷开关。74HC151 是一种典型的 CMOS 集成电路 8 选 1 的数据选择器，它有 3 个地址输入端 S_2、S_1、S_0，可选择 $D_0 \sim D_7$ 共 8 个数据源，具有两个互补输出端，同相输出端 Y 和反相输出端 $\overline{Y}$。其逻辑图和引脚图如图 6-14 所示，功能表如表 6-5 所示。74HC151 数据选择器的输出表达式为：$Y=\sum_{i=0}^{7} m_i D_i$，式中 m_i 为 $S_2 S_1 S_0$ 的最小项。

表 6-5　74HC151 功能表

输入				输出	
使能	选择			Y	$\overline{Y}$
$\overline{E}$	S_2	S_1	S_0		
1	×	×	×	0	1
0	0	0	0	D_0	$\overline{D_0}$

表 6-5(续)

输入				输出	
使能	选择			Y	$\bar{Y}$
$\bar{E}$	S_2	S_1	S_0		
0	0	0	1	D_1	$\bar{D}_1$
0	0	1	0	D_2	$\bar{D}_2$
0	0	1	1	D_3	$\bar{D}_3$
0	1	0	0	D_4	$\bar{D}_4$
0	1	0	1	D_5	$\bar{D}_5$
0	1	1	0	D_6	$\bar{D}_6$
0	1	1	1	D_7	$\bar{D}_7$

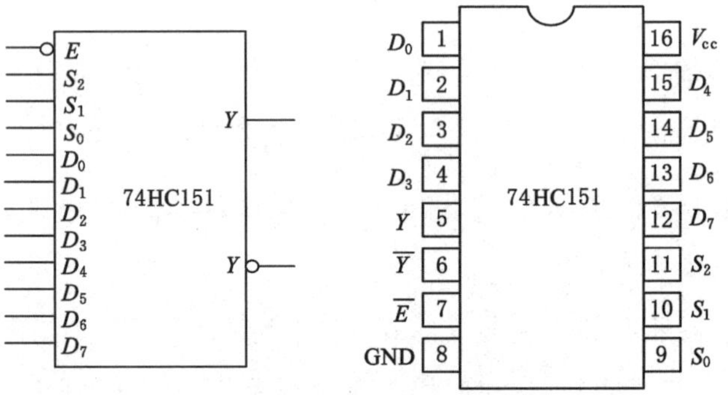

图 6-14 数据选择器 74HC151 逻辑图和引脚图

常用数据选择器还有如下型号 74xx150(16 选 1 反相)、74xx 152(8 选 1)、74xx 153(双 4 选 1)等,其功能与 74HC151 类似,注意引脚排列会有可能不同,在使用中需要查阅相关数据手册。

5. 加法器

算术运算是数字系统的基本功能,集成 4 位超前进位加法器 74HC283 能够完成 4 位二进制数的加法运算,其逻辑符号和引脚图如图 6-15 所示,$A_3A_2A_1A_0$ 和 $B_3B_2B_1B_0$ 是两个 4 位二进制数的输入端,$S_3S_2S_1S_0$ 是和输出端,C_{out} 为进位输出端。

常用编码器还有如下型号 74xx82、74xx83、74xx183 等,其功能与 74HC283 类似,引脚排列会有可能不同,在使用中需要查阅相关数据手册。

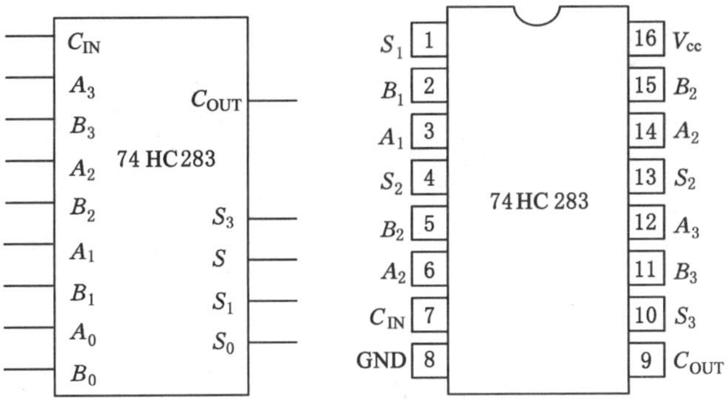

图 6-15　加法器 74HC283 逻辑符号和引脚图

6.3　组合逻辑电路设计实例与扩展应用

6.3.1　采用逻辑门电路设计组合逻辑电路

［例 6-2］　利用逻辑门电路设计例 6-1 加法运算电路，实现 2 位二进制数的加法运算。

根据例 6-1 所设计的逻辑图，为了减少电路设计成本，将图 6-2 转换成图 6-16 逻辑图，该图中只采用了异或和与非两种逻辑门电路，可以采用一片四组两输入与非门 74HC00 和一片四组两输入的异或门 74HC386 实现。实际芯片连线图如图 6-17 所示。

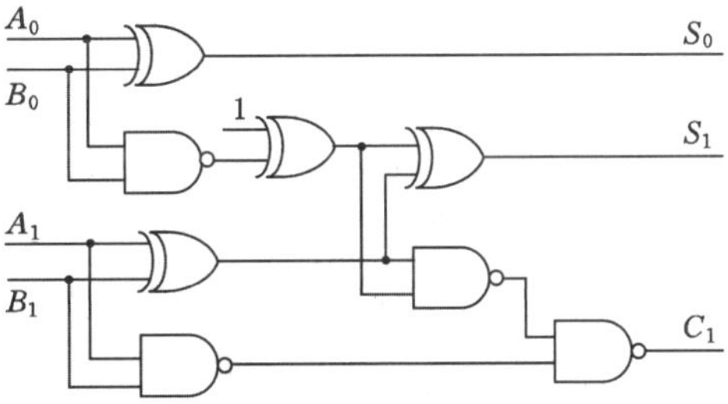

图 6-16　例 6-2 逻辑图

图 6-17 为例 6-2 加法运算电路实际芯片电路模型图，它与图 6-2 逻辑功能完全一致。

6.3.2　采用译码器设计组合逻辑电路

［例 6-3］　采用 74HC138 译码器设计例 6-1 加法运算电路，实现 2 位二进制数的加

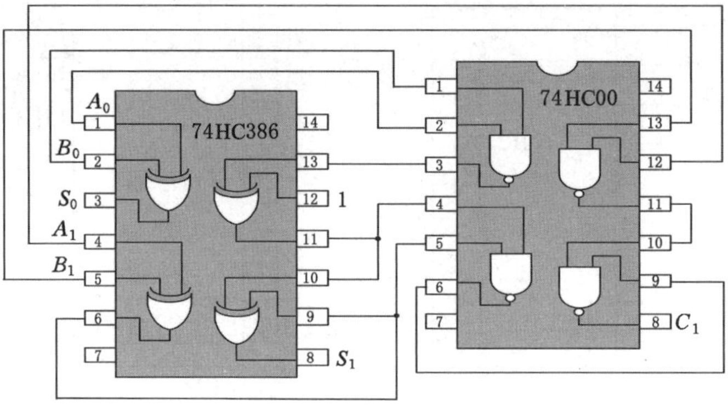

图 6-17　例 6-2 电路模型图

法运算。

译码器的输出特点是当使能端为有效电平时，编号为 i 的输出为输入 $A_2A_1A_0$ 对应编号的最小项 m_i。任意逻辑函数都可以唯一用最小项之和形式表示，因此，可以用译码器设计任意组合逻辑函数。例 6-3 要求实现 2 位二进制数 A_1A_0 和 B_1B_0 的加法运算，这就需要有 4 个输入变量，而 74HC138 只有 3 个输入，所以首先需要将 3 线-8 线译码器扩展为 4 线-16 线译码器。

图 6-18 采用两片 74HC138 扩展成 4 线-16 线译码器，其中(1)片为高位，(0)片为低位。当 A_3 为 0 时，片(1)E_3 为 0，禁止译码，高 8 位输出为无效电平 1；同时片(0)$\overline{E}_2$ 为 0，译码器正常工作，低 8 位有效输出；当 A_3 为 1 时，片(1)E_3 为 1，译码器正常工作，高 8 位有效输出；同时片(0) $\overline{E}_2$ 为 1，禁止译码，低 8 位输出无效电平 1。

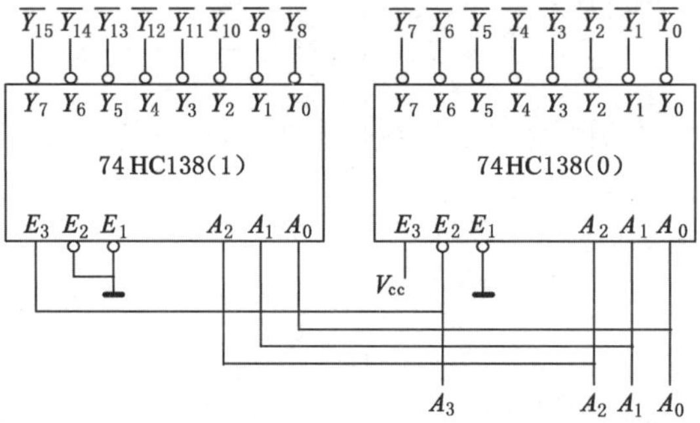

图 6-18　74HC138 扩展成 4 线-16 线译码器

下面采用图 6-18 所示 4 线-16 译码器设计 2 位二进制数加法电路。首先，将例 6-1 中逻辑表达式利用表 6-1 的真值表转换成最小项之和的形式。

$$C_1 = A_1B_1 + A_0B_0(A_1 + B_1) = m_7 + m_{10} + m_{11} + m_{13} + m_{14} + m_{15}$$

$$S_1 = A_1 + B_1 + (A_0 B_0) = m_2 + m_3 + m_5 + m_6 + m_8 + m_9 + m_{12} + m_{15}$$

$$S_0 = A_0 + B_0 = m_1 + m_3 + m_4 + m_6 + m_9 + m_{11} + m_{12} + m_{14}$$

将这些最小项组合起来接与非门，即可实现例 6-3 的组合逻辑电路，逻辑图如图 6-19 所示。

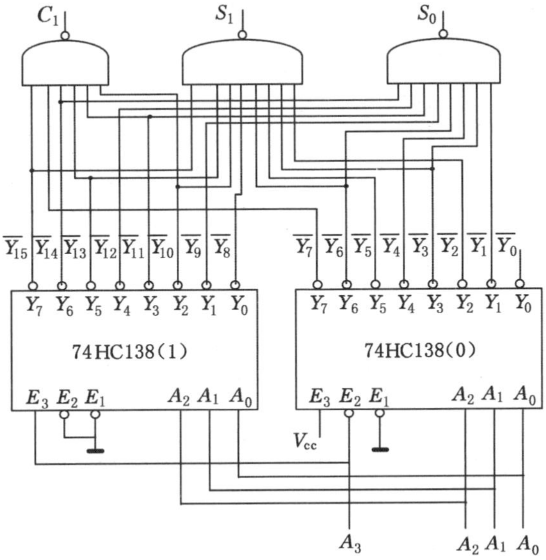

图 6-19　例 6-3 逻辑图

6.3.3　采用数据选择器设计组合逻辑电路

［例 6-4］　采用 8 选 1 的 74HC151 数据选择器设计例 6-1 加法运算电路，能够实现 2 位二进制数的加法运算。

例 6-1 加法运算电路有 3 个输出，因此需要 3 个 74HC151 数据选择器。8 选 1 的数据选择器的输出为 $Y = \sum_{i=0}^{7} m_i D_i$，式中 m_i 为 $S_2 S_1 S_0$ 的最小项。将输出 S_0、S_1、C_1 的逻辑表达式转换如下：

$$S_0 = A_0 \oplus B_0 = A_0 \bar{B}_0 + \bar{A}_0 B_0 = A_0 B_0 0 + A_0 \bar{B}_0 1 + \bar{A}_0 B_0 1 + \bar{A}_0 \bar{B}_0 0$$

设地址输入端 S_2、S_1、S_0 分别为：1、A_0、B_0，$D_7 \sim D_0$ 为 01100000。

$$\begin{aligned} S_1 &= A_1 \oplus B_1 \oplus (A_0 B_0) = m_2 + m_3 + m_5 + m_6 + m_8 + m_9 + m_{12} + m_{15} \\ &= \bar{A}_1 \bar{A}_0 B_1 \bar{B}_0 + \bar{A}_1 \bar{A}_0 B_1 B_0 + \bar{A}_1 A_0 \bar{B}_1 B_0 + \bar{A}_1 A_0 B_1 \bar{B}_0 + \\ &\quad A_1 \bar{A}_0 \bar{B}_1 \bar{B}_0 + A_1 \bar{A}_0 \bar{B}_1 B_0 + A_1 A_0 \bar{B}_1 \bar{B}_0 + A_1 A_0 B_1 B_0 \\ &= \bar{A}_1 \bar{A}_0 B_1 + \bar{A}_1 A_0 \bar{B}_1 B_0 + \bar{A}_1 A_0 B_1 \bar{B}_0 + A_1 \bar{A}_0 \bar{B}_1 + \end{aligned}$$

$A_1A_0\bar{B}_1\bar{B}_0+A_1A_0B_1B_0$

设地址输入端 S_2、S_1、S_0 分别为：A_1、A_0、B_1，$D_7 \sim D_0$ 为 $01B_0\ \bar{B}_0 10\ \bar{B}_0 B_0$。

$$C_1 = A_1B_1 + A_0B_0(A_1 \oplus B_1) = m_7 + m_{10} + m_{11} + m_{13} + m_{14} + m_{15}$$
$$= A_1B_1 + A_0B_1B_0 + A_1A_0B_0$$
$$= A_1A_0B_1 + A_1\bar{A}_0B_1 + A_1A_0B_1B_0 + \bar{A}_1A_0B_1B_0 + A_1A_0\bar{B}_1B_0$$

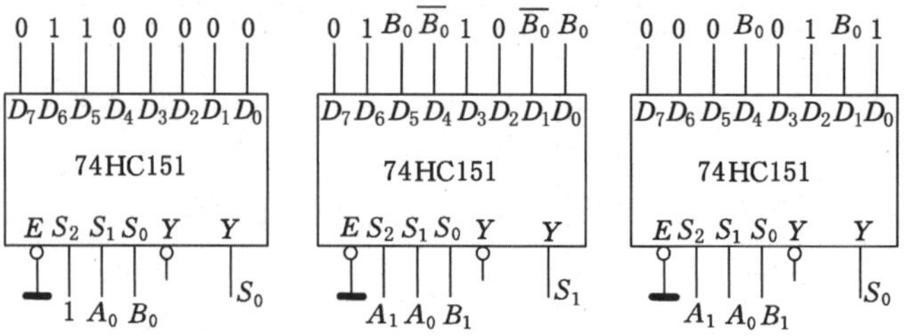

图 6-20　例 6-4 逻辑图

设地址输入端 S_2、S_1、S_0 分别为：A_1、A_0、B_1，$D_7 \sim D_0$ 为 $000\ B_0 01 B_0 1$。

6.3.4　采用加法器设计组合逻辑电路

［例 6-5］　采用加法器设计组合逻辑电路的例子如图 6-21 所示，该电路采用 74HC283 加法运算器设计例 6-1 中的加法运算电路，能够实现 2 位二进制数的加法运算。

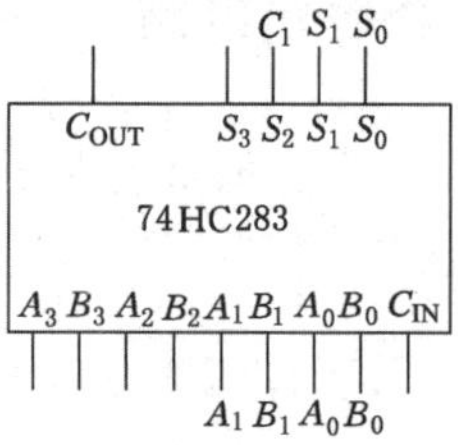

图 6-21　例 6-5 逻辑图

6.4　组合逻辑电路设计与应用实验

6.4.1　实验目的

（1）学习集成芯片外部特性及使用；

（2）学习查阅集成芯片手册；

(3) 学习组装实验电路，自主测试；

(4) 锻炼分析问题、解决问题的能力。

6.4.2　实验参考电路及工作原理

实验参考电路为共阴极数码管显示测试电路，如图 6-22 所示，实验目的是测试数码管和 CD4543 译码器功能。由拨码开关控制输入电平，点亮数码管显示相应数码。

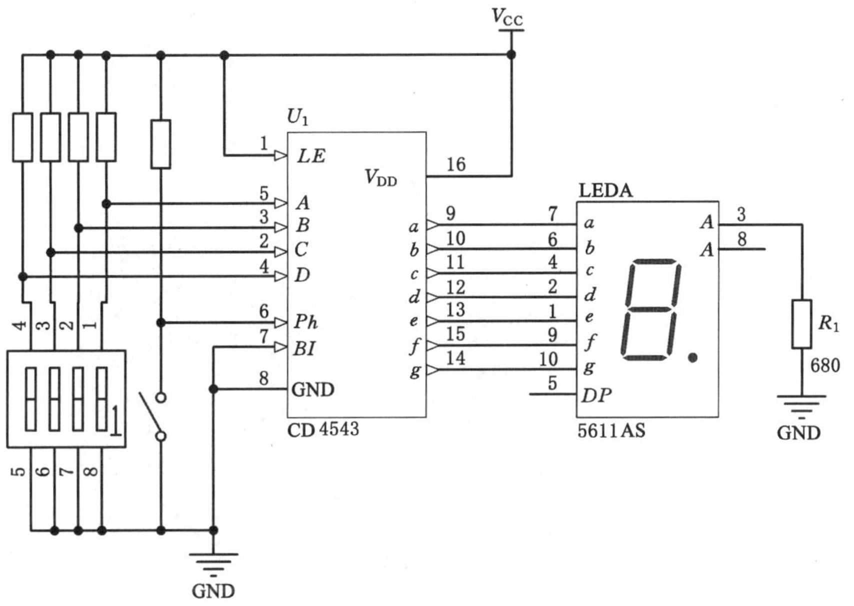

图 6-22　CD4543 接共阴极数码管电路图

6.4.3　实验内容及注意事项

1. 面包板的结构与使用说明

图 6-23 是一般面包板正、反面实物照片。内部结构：上边两横排和下边两横排为电源连接区，横向内部连通，两横排之间不通，一般用于连接正负电源(请注意图片左右两侧标记)。中间部分为元器件安置区，纵向五孔连通，横向不通，上五孔与下五孔不通。

2. 组装电路

实验电路按照图 6-22 所示组装连线，实验中提供共阴极数码管和共阳极数码管两种器件，便于进行对比测试。组装完成后的电路可以参考图 6-24。

(a) 整张面包板正面照片

(b) 整张面包板反面照片

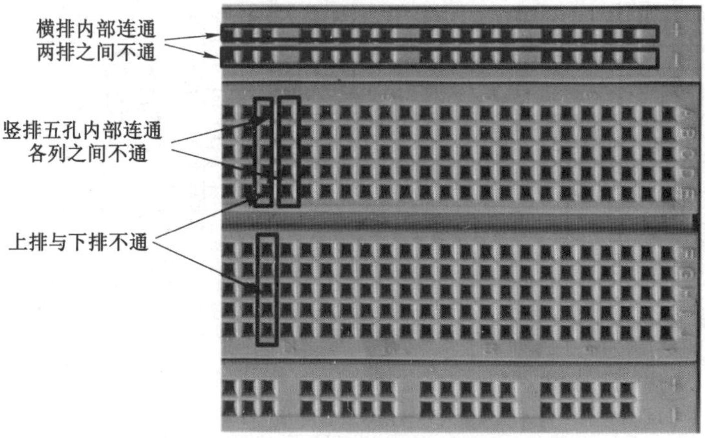

(c) 内部结构说明示意图

图 6-23　面包板使用说明图片

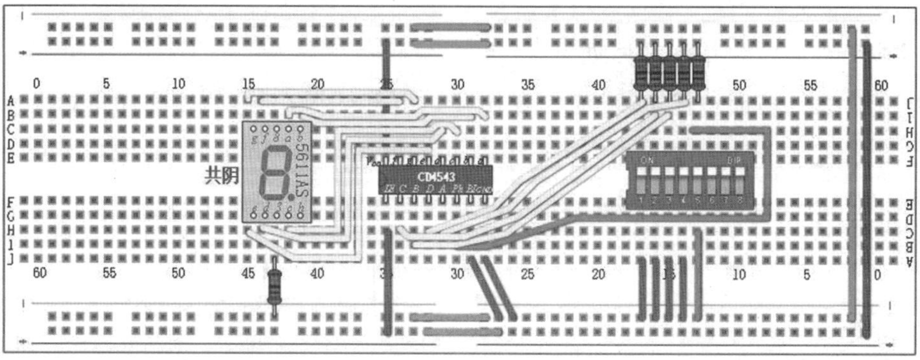

图 6-24　实验电路组装图

采用逻辑芯片直接驱动 LED 时，注意 LED 允许的电流大小。实验电路图中选用的是低电流 LED 数码管 5611AS 数码管，还可选用 Avago HDSP-513A、Lite-On LTS-546AWC、Kingbright SC56-11EWA 等类似的数码管。这些数码管可以直接由 CD4543 显示译码器芯片驱动，通过加入 680 Ω 的限流电阻，将芯片引脚电流限制在 5 mA 以内，并在 LED 两端形成约 2 V 的压降(压降会随点亮的显示段个数而变化)，这样可以保证驱动数码管发光，但显示的亮度会不如普通的 LED 显示器。实际电路也可以选用达林顿晶体管阵列芯片驱动数码管，亮度会更强。

显示译码电路在组装过程中常出现以下故障：

① 数码显示器一直不亮。出现这种情况可以检查数码管，检查公共端连接是否正确、是否接入有效电平，再检查显示译码器电源端是否正确接入＋5V 电源电压，最后检查 *LE* 端和 *BI* 端是否接入相应的有效电平。

② 数码管字符显示模糊，而且不随输入信号变化，可能是译码器的工作不正常，或连线不正确，或接触不良，出现这种情况应检查译码器电源接线。

③ 数码显示器上某段总是不亮，可能是数码管和译码器间连接不正确或接触不良，应检查数码管与显示译码器间的连线。

3. 实验注意事项

① 实验器材由实验指导教师登记发放，拿到后清点器件数量，电路组装前检测元器件是否正常，如果遇到坏的器件应找老师申请更换；

② 电路组装完成后要反复检查才能通电测试！

③ 实验电路连接、测试好后，可用手机拍照，作为实验过程记录留存。

④ 实验完成后整理好实验台，可继续使用的元器件清点后上交指导教师并做好记录，已损坏的元器件不要混在其中，以免影响其他同学使用。

6.4.4　实验项目记录及结果

1. 共阴极和共阳极数码管显示测试

将共阴极数码管公共端 3 脚或 8 脚通过电阻接地，输入引脚接高电平＋5 V，观察数码管的发光段是否全部亮起，检查发光段是否正常。

自行测试共阳极数码管发光段，注意共阳极数码管公共端和输入端的引脚电平与共阴极数码管接入电平的区别。

2. 译码器 CD4543 功能测试

如图 6-22 所示，译码器 CD4543 的数据 *D*、*C*、*B*、*A* 接到了拨码开关上，输出端接到数码管的段码端，共阴极公共端通过限流电阻 680 Ω 电阻接地，*Ph*、*LE* 端接高电平+5 V，*BI* 接低电平或接地。拨动拨码开关使输入端依次输入 BCD 码 0000－1001，观察数码管显示的字形。

将数码管换成共阳极数码管，设计共阳极数码管的显示译码电路。观察数码管的显示字符与输入逻辑电平的对应关系，记入表 6-6，并说明 *Ph*、*LE*、*BI* 引脚功能。

表 6-6　CD4543 译码器功能测试

输入							字形	输入							字形
Ph	*LE*	*BI*	*D*	*C*	*B*	*A*		*Ph*	*LE*	*BI*	*D*	*C*	*B*	*A*	
1	×	1	×	×	×	×		1	1	0	0	0	0	0	
0	×	1	×	×	×	×		1	1	0	0	0	0	1	
1	0	0	×	×	×	×		1	1	0	0	0	1	0	
								1	1	0	0	0	1	1	
1	1	0	1	0	1	0		1	1	0	0	1	0	0	
1	1	0	1	0	1	1		1	1	0	0	1	0	1	
1	1	0	1	1	0	0		1	1	0	0	1	1	0	
1	1	0	1	1	0	1		1	1	0	0	1	1	1	
1	1	0	1	1	1	0		1	1	0	1	0	0	0	
1	1	0	1	1	1	1		1	1	0	1	0	0	1	

利用所学理论知识对测试结果做出分析、总结。

6.5　实验总结报告

理论课和实验都完成后写出完整的实验总结报告。报告内容包括相关的理论课程内容、实验过程记录及分析，课程总结、体会等，重点是实验过程记录及实验结果分析、课程总结、收获与体会、对课程的建议等。

7 计数器(分频器)设计与应用

7.1 集成 74HC161 计数器

7.1.1 集成 74HC161 计数器简介

计数是一种最简单基本的运算,计数器就是实现这种运算的逻辑电路,计数器在数字系统中主要是对脉冲的个数进行计数,以实现测量、计数和控制的功能,同时兼有分频功能,计数器是由基本的计数单元和一些控制门所组成,计数单元则由一系列具有存储信息功能的各类触发器构成,这些触发器有 RS 触发器、T 触发器、D 触发器及 JK 触发器等。计数器的类型很多,如按工作方式分类,可分为同步计数器和异步计数器;如按计数过程计数器的数值增、减分类,计数器又分为加法计数器、减法计数器和可逆计数器。可逆计数器在控制信号的作用下,既能做加法运算也能做减法运算。计数器所计脉冲的个数是用电路中触发器不同状态的编码表示,其有效状态编码的总数称为计数器模,用 N 表示。模 N 计数器又称为 N 进制计数器,按模数 N 的不同,计数器可分为二进制、十进制、十六进制和任意进制计数器等。计数器的应用极为广泛,不仅能用于计数,还可用于分频、定时,以及组成各种检测电路和控制电路。

在数字集成计数器产品中,按计数长度、有效时钟、控制信号、置位和复位信号的不同又分为不同的计数器型号。集成 74HC16X 系列计数器外加适当的电路可以构成任意进制的计数器。74HC16X 系列计数器构成任意进制的计数器,通常有反馈清零法和反馈置数法两种。

7.1.2 集成 74HC16X 系列计数器逻辑图及功能表

集成 74HC16X 系列计数器包括 74HC160、74HC161、74HC162、74HC163。在计数长

度上,74HC160 和 74HC162 为十进制计数器,74HC161 和 74HC163 为十六进制计数器;在清零方式上,74HC160 和 74HC161 为异步清零,74HC162 和 74HC163 为同步清零。

1. 集成 74HC160 计数器(同步十进制加法计数器、异步清零)

(1) 集成 74HC160 逻辑图

如图 7-1 所示。

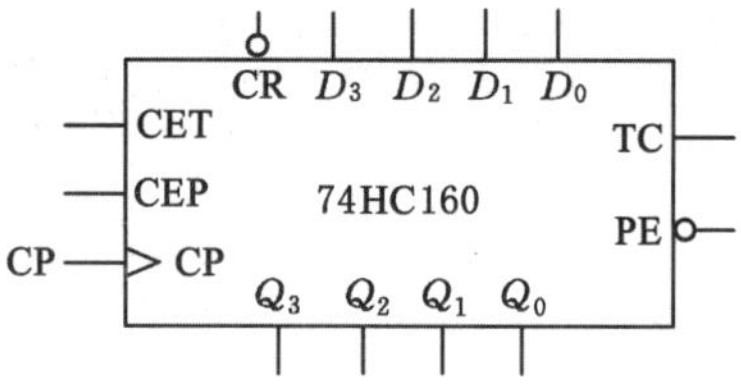

图 7-1 集成 74HC160 逻辑图

(2) 各脚逻辑功能说明

① CP:时钟端,上升沿有效。

② $Q_3Q_2Q_1Q_0$:输出端。

③ $D_3D_2D_1D_0$:预置数端。

④ $\overline{CR}$:清零端,低电平有效。当 CR 端为低电平"0"时,$Q_3Q_2Q_1Q_0$="0000"。

⑤ $\overline{PE}$:置数端,低电平有效。当 CR 端为高电平"1"、PE 端为低电平"0"、CP 为"↑"时,$Q_3Q_2Q_1Q_0=D_3D_2D_1D_0$。

⑥ CET、CEP:控制端,高电平有效。当 CR 端为高电平"1"、PE 端为高电平"1"、CET 和 CEP 端为高电平"1"、CP 为"↑"时,74HC161 处于计数状态。

⑦ TC:进位端。

(3) 集成 74HC160 计数器功能表

表 7-1 集成 74HC160 计数器功能表

输入					输出	
清零 $\overline{CR}$	置数 $\overline{PE}$	使能 CET CEP	时钟 CP	预置数据输入 $D_3D_2D_1D_0$	$Q_3Q_2Q_1Q_0$	进位 TC
L	×	× ×	×	××××	L L L L	L
H	L	× ×	↑	$D_3D_2D_1D_0$	$D_3D_2D_1D_0$	#
H	H	L ×	×	××××	保 持	#
H	H	× L	×	××××	保 持	L
H	H	H H	↑	××××	计 数	#

注:#表示只有当 $Q_3\overline{Q_2Q_1}Q_0 \cdot CET=1$(正逻辑体系)时,$TC$ 输出为高电平,其余均为低电平。

2. 集成74HC161计数器(同步十六进制加法计数器、异步清零)

(1) 集成74HC161逻辑图

如图7-2所示。

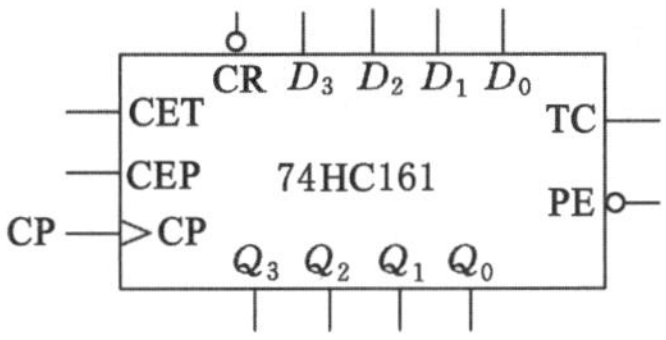

图7-2　集成HC161逻辑图

(2) 各脚逻辑功能说明

① CP :时钟端,上升沿有效。

② $Q_3Q_2Q_1Q_0$:输出端。

③ $D_3D_2D_1D_0$:预置数端。

④ $\overline{CR}$:清零端,低电平有效。当CR端为低电平"0"时,$Q_3Q_2Q_1Q_0$="0000"。

⑤ $\overline{PE}$:置数端,低电平有效。当CR端为高电平"1"、PE端为低电平"0"、CP为"↑"时,$Q_3Q_2Q_1Q_0=D_3D_2D_1D_0$。

⑥ CET、CEP:控制端,高电平有效。当CR端为高电平"1"、PE端为高电平"1"、CET和CEP端为高电平"1"、CP为"↑"时,74HC161处于计数状态。

⑦ TC :进位端。

(3) 集成74HC161计数器功能表

表7-2　集成74HC161计数器功能表

输入				输出		
清零$\overline{CR}$	置数$\overline{PE}$	使能 CET　CEP	时钟 CP	预置数据输入 $D_3D_2D_1D_0$	$Q_3Q_2Q_1Q_0$	进位 TC
L	×	×　×	×	××××	L　L　L　L	L
H	L	×　×	↑	$D_3D_2D_1D_0$	$D_3D_2D_1D_0$	#
H	H	L　×	×	××××	保持	#
H	H	×　L	×	××××	保持	L
H	H	H　H	↑	××××	计数	#

注:#表示只有当$Q_3Q_2Q_1Q_0 \cdot CET=1$(正逻辑体系)时,TC输出为高电平,其余均为低电平。

3. 集成74HC162计数器(同步十进制加法计数器、同步清零)

(1) 集成74HC162逻辑图

如图 7-3 所示。

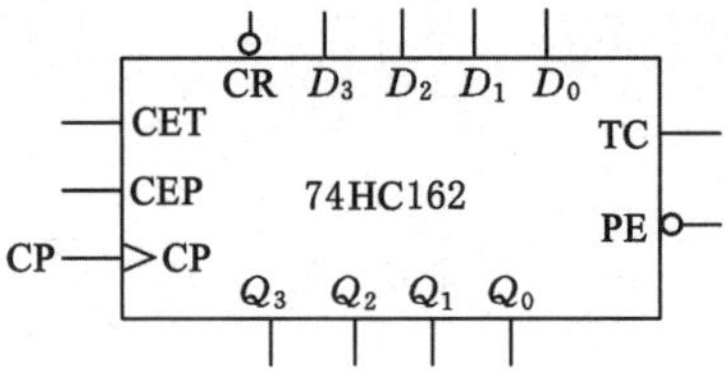

图 7-3　集成 74HC162 逻辑图

(2) 各脚逻辑功能说明

① CP:时钟端,上升沿有效。

② $Q_3Q_2Q_1Q_0$:输出端。

③ $D_3D_2D_1D_0$:预置数端。

④ $\overline{CR}$:清零端,低电平有效。当 CR 端为低电平“0”时,$Q_3Q_2Q_1Q_0$=“0000”。

⑤ $\overline{PE}$:置数端,低电平有效。当 CR 端为高电平“1”、PE 端为低电平“0”、CP 为“↑”时,$Q_3Q_2Q_1Q_0=D_3D_2D_1D_0$。

⑥ CET、CEP:控制端,高电平有效。当 CR 端为高电平“1”、PE 端为高电平“1”、CET 和 CEP 端为高电平“1”、CP 为“↑”时,74HC161 处于计数状态。

⑦ TC:进位端。

(3) 集成 74HC162 计数器功能表

表 7-3　集成 74HC162 计数器功能表

输入					输出	
清零$\overline{CR}$	置数$\overline{PE}$	使能 CET　CEP	时钟 CP	预置数据输入 $D_3D_2D_1D_0$	$Q_3Q_2Q_1Q_0$	进位 TC
L	×	×　×	↑	××××	L　L　L　L	L
H	L	×　×	↑	$D_3D_2D_1D_0$	$D_3D_2D_1D_0$	#
H	H	L　×	×	××××	保持	#
H	H	×　L	×	××××	保持	L
H	H	H　H	↑	××××	计数	#

注:# 表示只有当 $Q_3\overline{Q_2Q_1}Q_0 \cdot CET=1$(正逻辑体系)时,$TC$ 输出为高电平。

4. 集成 74HC163 计数器(同步十六进制加法计数器、同步清零)

(1) 集成 74HC163 逻辑图

如图 7-4 所示。

(2) 各脚逻辑功能说明

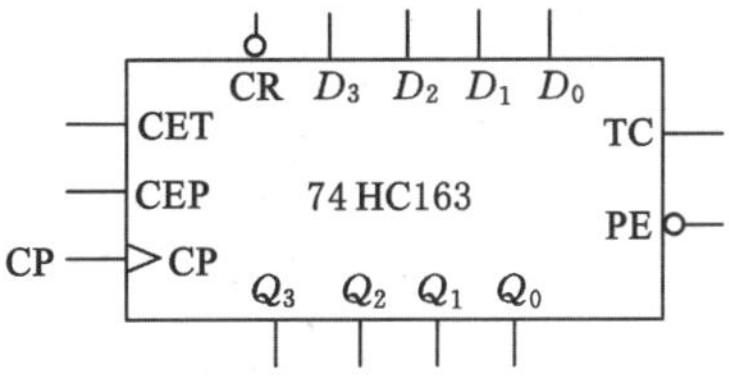

图 7-4 集成 74HC163 逻辑图

① CP:时钟端,上升沿有效。

② $Q_3Q_2Q_1Q_0$:输出端。

③ $D_3D_2D_1D_0$:预置数端。

④ $\overline{CR}$:清零端,低电平有效。当 CR 端为低电平"0"时,$Q_3Q_2Q_1Q_0$="0000"。

⑤ $\overline{PE}$:置数端,低电平有效。当 CR 端为高电平"1"、PE 端为低电平"0"、CP 为"↑"时,$Q_3Q_2Q_1Q_0=D_3D_2D_1D_0$。

⑥ CET、CEP:控制端,高电平有效。当 CR 端为高电平"1"、PE 端为高电平"1"、CET 和 CEP 端为高电平"1"、CP 为"↑"时,74HC161 处于计数状态。

⑦ TC:进位端。

(3) 集成 74HC163 计数器功能表

表 7-4 集成 74HC163 计数器功能表

输入					输出	
清零 $\overline{CR}$	置数 $\overline{PE}$	使能 CET CEP	时钟 CP	预置数据输入 $D_3D_2D_1D_0$	$Q_3Q_2Q_1Q_0$	进位 TC
L	×	× ×	↑	××××	L L L L	L
H	L	× ×	↑	$D_3D_2D_1D_0$	$D_3D_2D_1D_0$	#
H	H	L ×	×	××××	保持	#
H	H	× L	×	××××	保持	L
H	H	H H	↑	××××	计数	#

注:# 表示只有当 $Q_3Q_2Q_1Q_0 \cdot CET=1$(正逻辑体系)时,TC 输出为高电平。

7.2 集成 74HC161 计数器两种典型连接方法

7.2.1 反馈清零法

反馈清零法构成 N 进制计数器的基本思想是:利用计数过程中的某一状态产生清

零信号(即$\overline{CR}=0$),使电路立即返回0000状态。清零后,清零信号随即为无效状态(即$\overline{CR}=1$),电路又从0000开始计数。这样,使电路转变为N进制计数器。

采用反馈清零法构成九进制计数器,如图7-5所示。

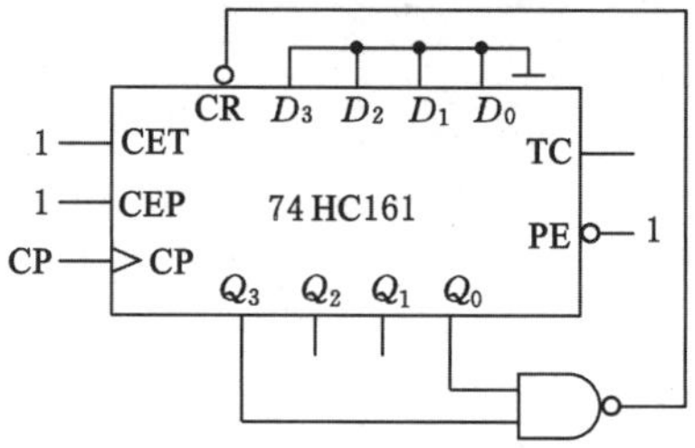

图7-5　反馈清零法构成九进制计数器电路图

1. 74HC161构成九进制计数器

图7-5中,$CET=CEP=1$,$\overline{PE}=1$,$\overline{CR}=\overline{Q_3 \cdot Q_0}$。当$Q_3Q_2Q_1Q_0$不是1001状态时,$\overline{CR}=1$,电路处于计数工作状态。设电路的初始计数状态从0000开始,当第9个CP上升沿到达时,输出$Q_3Q_2Q_1Q_0=1001$,这时Q_3、Q_0的高电平经过与非门使$\overline{CR}$为低电平,$Q_3Q_2Q_1Q_0$立即返回到0000状态,构成九进制计数器。

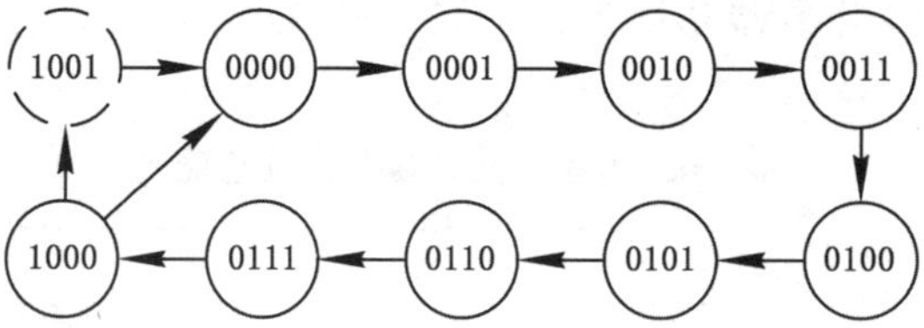

图7-6　反馈清零法构成九进制计数器状态图

2. 主循环状态图

反馈清零法构成九进制计数器状态图中,0000～1000九个状态为有效状态,每个状态持续的时间是一个CP周期,在图7-6中,0000～1000这九个有效状态采用实线圈表示。由于电路在进入1001状态后立即置为0000,1001状态存在的时间很短,所以1001为无效状态采用虚线圈表示。

7.2.2　反馈置数法

反馈置数法构成N进制计数器的基本思想是:利用计数过程中的某一状态产生置数信号(即$\overline{PE}=0$),并且此时配合清零端无效(即$\overline{CR}=0$),在下一个脉冲有效沿到来时,数据预置数输入端$D_3D_2D_1D_0$的状态就会置入计数器,使$Q_3Q_2Q_1Q_0=D_3D_2D_1D_0$。

置入数据使置数端 $\overline{PE}=1$ 后，计数器就从被置入的状态开始重新计数。这样，使电路构成 N 进制计数器。

采用反馈置数法构成九进制计数器，如图 7-7 所示。

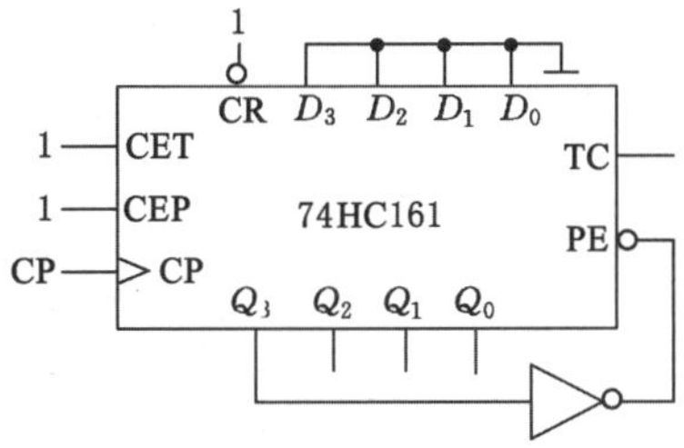

图 7-7 反馈置数法构成九进制计数器电路图

1. 74HC161 构成九进制计数器(反馈置数法)

图 7-7 中，$CET=CEP=1$，$\overline{CR}=1$，$\overline{PE}=\overline{Q_3}$。设电路的初始计数状态从 0000 开始，当第 8 个 CP 上升沿到达时，输出 $Q_3Q_2Q_1Q_0=1000$，这时 Q_3 的高电平经过非门使 $\overline{PE}$ 为低电平，在下一个 CP 上升沿到达时 $D_3D_2D_1D_0$ 的状态 0000 置入 $Q_3Q_2Q_1Q_0$。进入到 0000 状态后，$\overline{PE}$ 端随之变为高电平状态，电路又从 0000 开始计数，并开始新的计数周期。

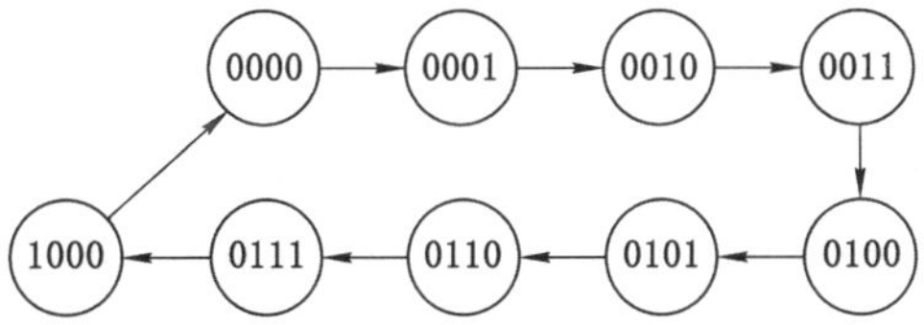

图 7-8 反馈置数法构成九进制计数器状态图

2. 主循环状态图

反馈置数法构成九进制计数器状态图中，0000～1000 九个状态为有效状态，每个状态持续的时间是一个 CP 周期，在图 7-8 中，0000～1000 这九个有效状态采用实线圈表示。

7.3 集成 74HC161 计数器的扩展应用举例

7.3.1 序列信号发生器

在数字信号的传输和测试过程中，有时需要一组特定顺序的串行数字编码，如

“01011010”,在数字系统中,将这种数字串行信号称为序列信号,用来产生序列信号的电路称为序列信号发生器。序列信号发生器电路如图 7-9 所示,由集成 74HC161 计数器和数据选择器 74HC151 构成。

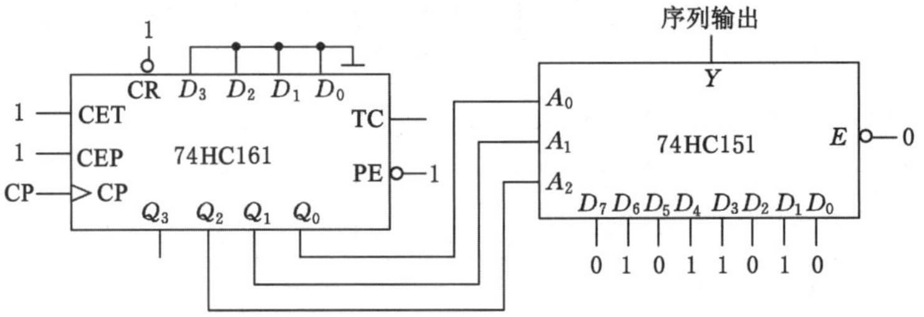

图 7-9　序列信号发生器电路图

其中,集成计数器 74HC161 连接成计数状态:$CET=CEP=1$,$\overline{CR}=\overline{PE}=1$。用集成计数器 74HC161 输出端 $Q_2Q_1Q_0$ 驱动数据选择器 74HC151 的地址端 $A_2A_1A_0$,当 $Q_2Q_1Q_0$ 按照自然态序 000→001→010→011→100→101→110→111→000 进行跳变时,数据选择器 74HC151 的地址端 $A_2A_1A_0$ 也按照 $Q_2Q_1Q_0$ 的态序进行跳变,此时,数据选择器 74HC151 在输出端 Y 端依次获得 $D_0\sim D_7$ 端的序列信号。

7.3.2　N 进制计数器

实验参考电路如图 7-10 所示,是由 74HC161 构成的 N 进制计数电路,基本电路结构是由 74HC161、7448 和数码管构成。当 74HC161 构成 N 进制计数电路中的数值 N 大于 16 时,需对 74HC161 进行扩展,扩展方式有异步扩展和同步扩展两种方式。图 7-10 由 74HC161 构成的 N 进制计数电路中,使用的扩展方式是同步扩展。

在 74HC161 连 N 进制计数器(a)电路图中,首先把两片 74HC161 通过同步扩展方式扩展成 $16\times16=256$ 进制的计数器,再使用反馈清零法连成 N 进制计数器。74HC161 连 N 进制计数器(b)图采用的是扩展后反馈置数法,通过变换 $D_3D_2D_1D_0D'_3D'_2D'_1D'_0$ 的取值,可以构成不同计数进制计数器。

74HC161 连 N 进制计数器整体结构框图如图 7-11 所示。

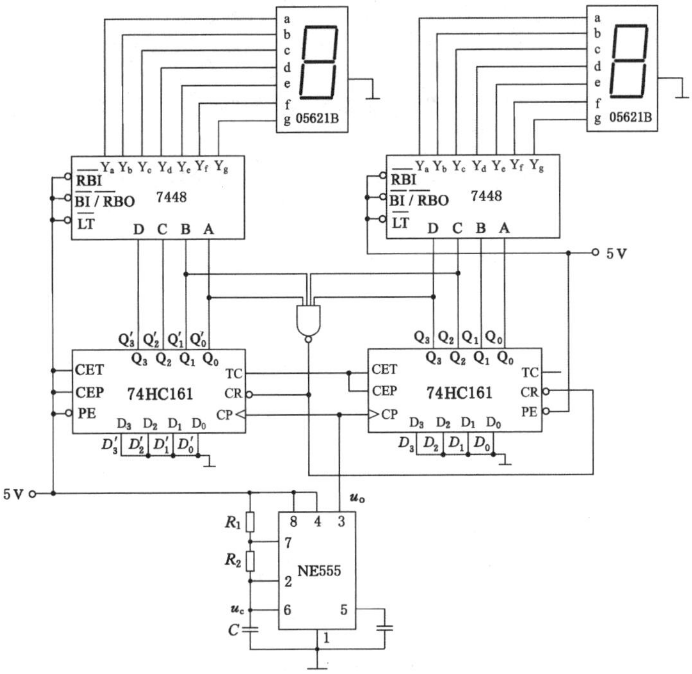

(a) 74HC161反馈清零法连N进制计数器

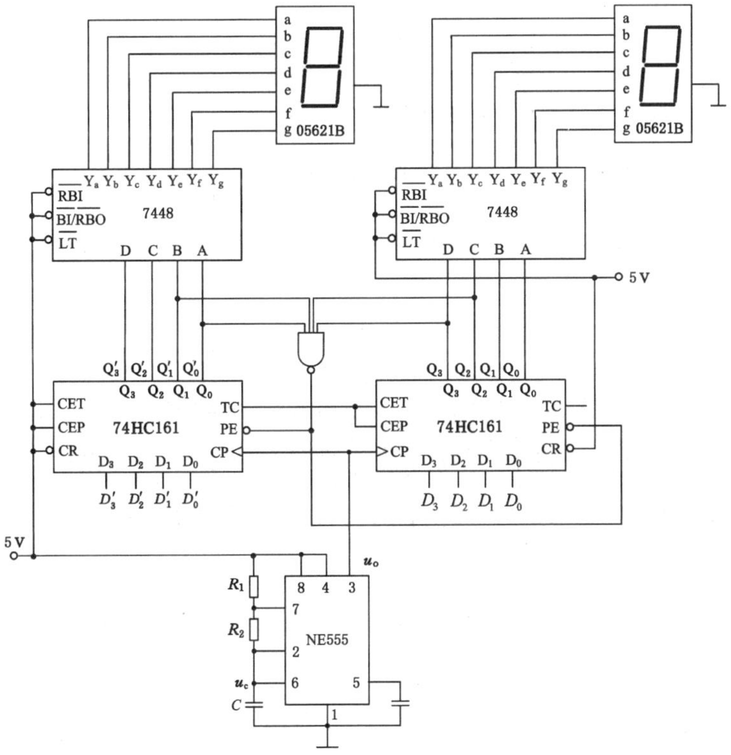

(b) 74HC161反馈置数法连N进制计数器

图 7-10 74HC161 连 N 进制计数器

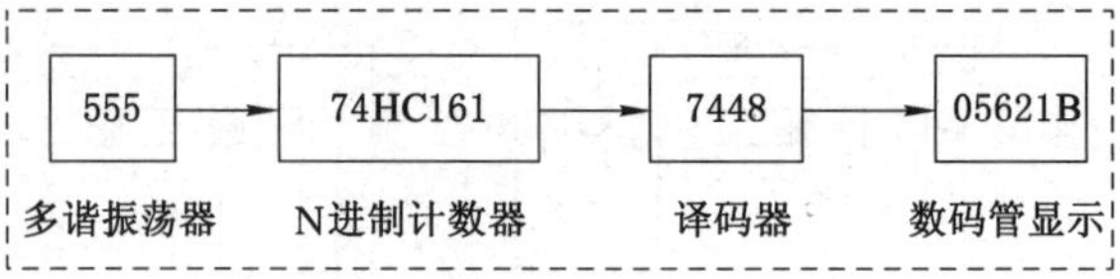

图 7-11　74HC161 连 N 进制计数器整体结构框图

7.3.3　汽车尾灯控制器

在汽车行驶过程中，汽车尾灯会根据汽车行驶的状态变化作出相应的变化。假设汽车尾部左右量测各有 3 个指示灯(用发光二极管模拟)，汽车尾灯和汽车行驶状态对应关系如下：

(1) 汽车正常运行时指示灯全灭；

(2) 右转弯时，右侧 3 个指示灯按右循环顺序点亮；

(3) 左转弯时，左侧 3 个指示灯按左循环顺序点亮；

(4) 临时刹车时所有指示灯同时闪烁。

表 7-5　汽车尾灯与汽车运行状态表

开关控制	运行状态	左尾灯	右尾灯
S_1S_0		D_4、D_5、D_6	D_1、D_2、D_3
0　0	正常行驶	灯灭	灯灭
0　1	右拐弯	灯灭	按 D_1、D_2、D_3 循环点亮
1　0	左转弯	按 D_4、D_5、D_6 循环点亮	灯灭
1　1	刹车	所有灯随时钟 CP 闪烁	

汽车尾灯控制器电路如图 7-12 所示，系统由单脉冲发生器、三进制计数器、译码器、发光二极管显示电路等构成。单脉冲发生器用于产生上升沿提供给 74HC161，使用反馈置数法把 74HC161 连接成三进制计数器。通过控制信号 S_1S_0 四种不同取值，实现尾灯状态的改变。

当控制信号 S_1S_0 为“00”时，异或门 G_{10} 输出为“0”，译码器 74HC138 使能端 E_1 无效，74HC138 不工作，输出端 $Y_0 \sim Y_7$ 全部为无效电平“1”，$G_1 \sim G_6$ 等价为非门。G_{11} 输出为“1”，此时，$G_1 \sim G_6$ 输出为“0”，发光二极管 $D_1 \sim D_6$ 熄灭。

当控制信号 S_1S_0 为“01”时，G_{10} 输出为“1”，译码器 74HC138 使能端 E_1 有效，74HC138 正常工作，输出端 $Y_0 \sim Y_2$ 依次输出“0”。G_{11} 输出为“1”，此时，$G_1 \sim G_6$ 等价为非门，$G_1 \sim G_3$ 依次输出“1”，使得 $D_1 \sim D_3$ 循环点亮。

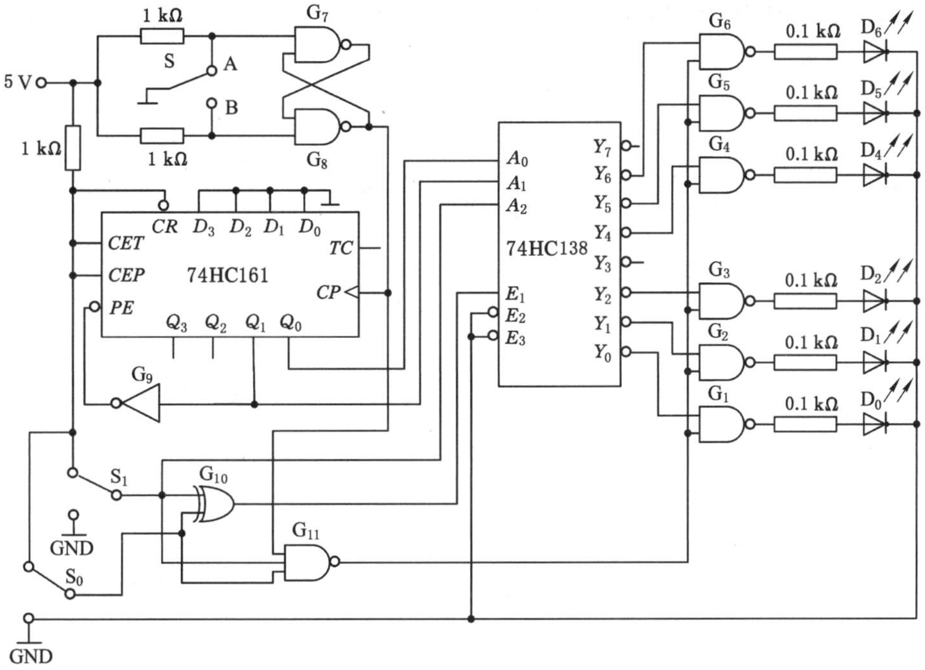

图 7-12　汽车尾灯控制器电路图

当控制信号 S_1S_0 为“10”时，G_{10} 输出为“1”，译码器 74HC138 使能端 E_1 有效，74HC138 正常工作，输出端 $Y_4 \sim Y_6$ 依次输出“0”。G_{11} 输出为“1”，此时，$G_1 \sim G_6$ 等价为非门，$G_4 \sim G_6$ 依次输出“1”，使得 $D_4 \sim D_6$ 循环点亮。

当控制信号 S_1S_0 为“11”时，G_{11} 输出为 CP 信号，此时，$G_1 \sim G_6$ 输出为 $\overline{CP}$，$D_1 \sim D_6$ 随时钟信号 CP 闪烁。

7.4　集成 74HC161 计数器实验

7.4.1　实验目的

① 学习仪器仪表的使用方法；

② 学习元器件基本知识及其测试方法；

③ 学习自己组装实验电路，自主测试；

④ 锻炼分析问题、解决问题的能力。

7.4.2　实验参考电路及工作原理

图 7-13 是单脉冲发生器，当开关 S 掷于 A 点时，G_1 输出为“1”，G_2 输出为“0”；当

开关 S 掷于 B 点时，G_2 输出为“1”。这里，G_2 输出从“0”跳变成“1”的过程，就是单脉冲发生器产生上升沿的过程，作为时钟信号 CP 提供给电路使用。

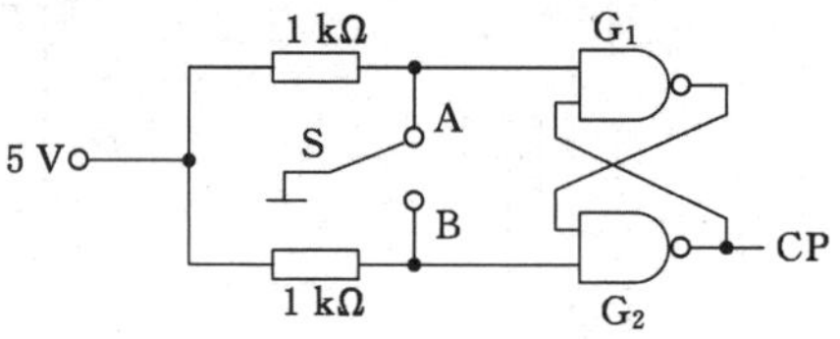

图 7-13　单脉冲发生器

图 7-14 是由 74HC161 构成的任意进制计数器。电路中两个与非门构成单脉冲发生器，计数器 74HC161 对其产生的脉冲进行计数，74HC161 输出经 7448 驱动数码管进行显示。整个电路的结构框图如图 7-15 所示，由单脉冲发生器、计数器电路、译码电路及显示电路组成。

工作原理：当电键掷于 A 点，单脉冲发生器的 G_1 输出高电平“1”，G_2 输出低电平“0”；当电键掷于 B 点，单脉冲发生器的 G_2 输出高电平“1”。电键由 A 点动作到 B 点的过程，相当于在单脉冲发生器 G_2 输出一个上升沿。此时，74HC161 连接成计数状态 $CET = CEP = 1$，$\overline{CR} = \overline{PE} = 1$。74HC161 接收单脉冲发生器的上升沿进行计数，74HC161 的输出驱动译码器 7448，最终将任意进制计数器的计数值通过数码管 05621B 进行显示。

7.4.3　实验内容及注意事项

1. 面包板的结构与使用说明

图 7-16 是一般面包板实物照片。内部结构是：上边两横排和下边两横排为电源连接区，横向内部连通，两横排之间不通，一般用于连接正负电源（请注意图片左右两侧标记）。

中间部分为元器件安置区，纵向五孔连通，横向不通，上五孔与下五孔不通。

2. 组装电路

为了节省实验费用，减少实验器材消耗，实验电路按照图 8-17 用面包板组装连线，其中 C1 提供 10 μF 和 22 μF 两个不同容量的电解电容器，R_3 提供 330 Ω 和 3 kΩ 两种阻值，LED 提供红/绿两种颜色的发光管，便于实验中进行对比测试与观察。

3. 实验注意事项

(1) 由实验指导教师登记发放实验器材包，拿到后要清点器件数量并检测元器件是否正常，如果遇到缺少或损坏的元器件可找老师申请补充或更换。

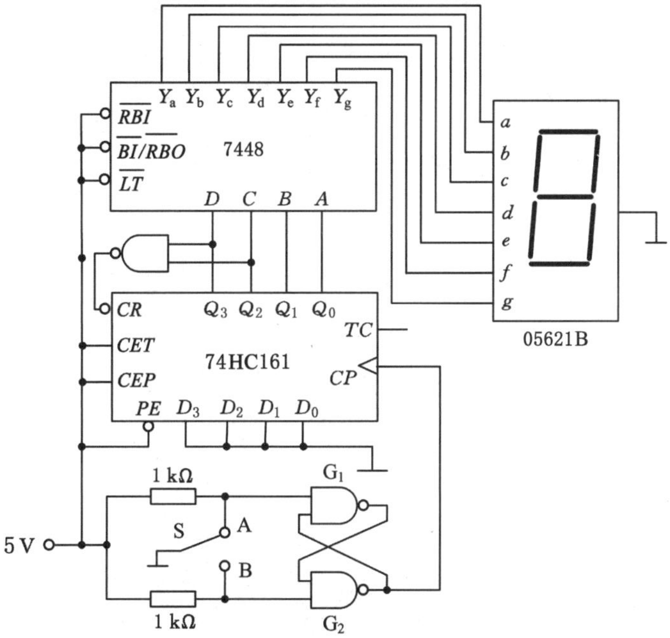

(a) 74HC161反馈清零法构成任意进制计数器

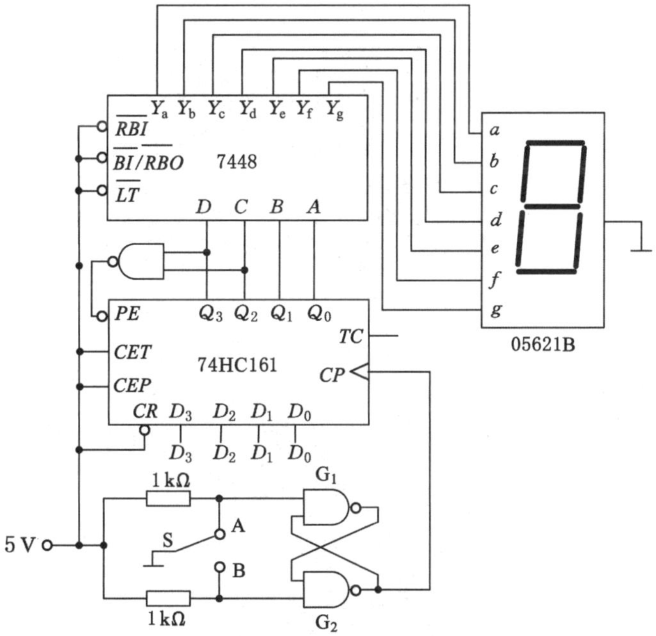

(b) 74HC161反馈置数法构成任意进制计数器

图 7-14 74HC161 构成任意进制计数器

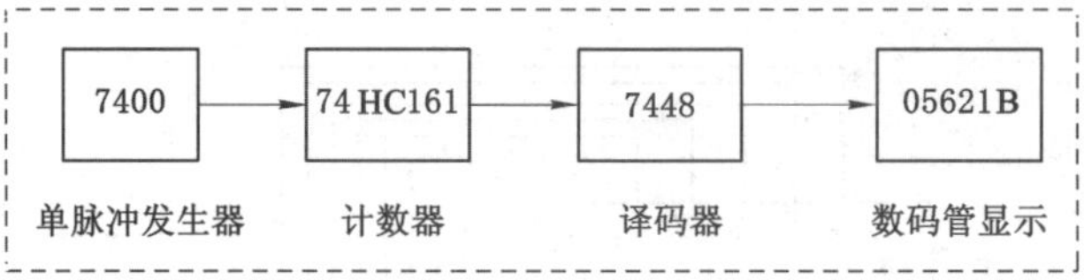

图 7-15 74HC161 构成任意进制计数器整体结构框图

（a） 整张面包板照片

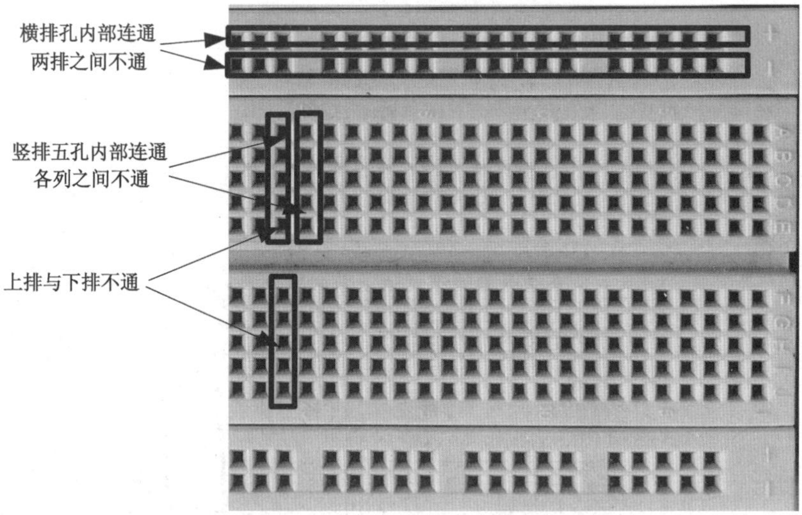

（b） 内部结构说明示意图

图 7-16 面包板使用说明图片

(2) 用万用表测量大电阻(1 kΩ 以上)时不能用两只手同时捏住电阻两端。

(3) C_1 是电解电容，有正负极之分，千万不能接错。

(4) LED 如果接反就不会亮(管芯内部电极粗大的为负极或阴极，小的正极)。

(5) 电路组装完成后要反复检查才能通电测试!

(6) 实验电路连接、测试好后，可用手机拍照，作为实验过程记录留存。

(7) 实验完成后整理好实验台，可继续使用的元器件清点后装入器材包上交指导教师并做好记录，已损坏的元器件不要混在其中，以免影响其他同学使用。

7.4.4 实验测试项目记录及结果分析

1. 反馈清零法测试

74HC161 构成任意进制计数器,电路图参见图 7-14(a),令两片 74HC161 输出初始态全部为"0",记录在单次脉冲发生器输入不同时钟 CP 个数时,对应输出 $Q_3Q_2Q_1Q_0$ 的值。

表 7-6 实验 74HC161 构成任意进制计数器(a)输出状态记录

CP	$Q_3Q_2Q_1Q_0$	CP	$Q_3Q_2Q_1Q_0$
0	0 0 0 0	5	
1		10	
2		15	
3		20	
4		25	

2. 反馈置数法测试

74HC161 构成任意进制计数器,电路图参见图 7-14(b),令两片 74HC161 预置数端 $D_3D_2D_1D_0$ 取不同值,记录在单次脉冲发生器输入不同时钟 CP 个数时,对应电路为多少进制计数器。

表 7-7 实验 74HC161 构成任意进制计数器(b)构成计数器模值记录

序号	$D_3D_2D_1D_0$	构成计数器模值
1	0 0 0 0	
2	0 0 1 0	
3	0 1 0 0	
4	0 1 1 1	

7.5 实验总结报告

每个项目的理论课和实验课都完成后写出完整的实验总结报告。报告用学校的标准实验报告纸撰写,内容包括相关的理论课程内容,但重点是实验过程记录及实验结果分析、课程总结、收获与体会、对课程的建议等。

第8章 集成555定时器原理及应用

8.1 集成555定时器

8.1.1 集成555定时器简介

集成555定时器主要是为替代早期的机械式延时继电器而设计的。早期的自动化过程大多属于顺序控制过程，即将某一完整自动化控制过程分解成若干个时间确定的工序，控制过程就是按顺序完成各道工序。例如：早期的全自动洗衣机，一次洗衣服的完整过程被分解成灌水、洗涤、脱水、灌水、漂洗、脱水等若干工序，每个工序都设置一定的时间，时间到了就进入下一工序，不论衣服是否已经洗干净。由此可以看出，在某些自动化控制系统中需要大量的延时(定时)继电器，早期的机械式延时继电器结构复杂(类似机械手表的发条、机械摆结构)，生产成本高，时间调节不便；由集成555定时器为核心的电子延时继电器的出现改变了这一状况。

集成555定时器由于内部结构设计巧妙，除了作为定时器使用外，还可以用来制作多谐振荡器、施密特触发器等。该芯片功能强大，应用灵活，年使用量超亿片，是史上最成功的集成电路之一。目前可以买到的集成555定时器芯片有采用BJT工艺的集成555定时器和采用CMOS工艺生产的集成7555定时器两大类；其中还有将两个定时器做在一个芯片中的556和7556等多种型号。

8.1.2 集成555定时器内部结构及功能

1. 集成555定时器内部结构

集成555定时器属于模数混合集成电路，内部包括阈值分压器、两个模拟比较器、一个 SR 锁存器、两路输出驱动器等，其中一路为标准图腾柱输出（3 脚），另一路为 OC/OD 门输出（7 脚）。内部结构如图 8-1 所示。

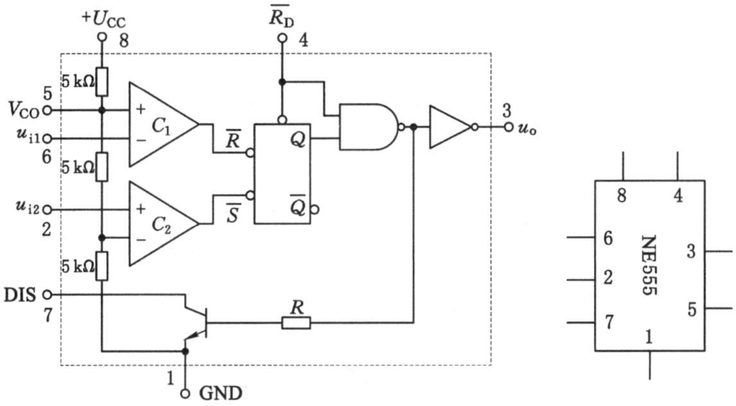

图 8-1　集成 555 定时器内部结构框图及逻辑符号

2. 引脚功能说明

1——GND：接地，供电电源负极。

2——u_{i2}：置 1 输入端，低于$\frac{1}{3}U_{CC}$（$=U_{T-}=\frac{1}{2}U_{T+}$）有效（在 5 脚无外接电路改变其直流电位的条件下）。

3——u_o：标准输出端，最大输出电流可达±200 mA（BJT 工艺）和±100 mA（CMOS 工艺的 7555），可直接驱动继电器、扬声器等负载。

4——$\overline{R}$：复位端，低电平有效，兼容 TTL 电平。

5——V_{CO}：压控输入端，电位为正向阈值电压U_{T+}；一般应用时对地外接 0.01 μF 电容用于消除电磁干扰，要求不高时也可以不接（即悬空，本章中为了使电路看起来简洁，均未画出此电容，实际电路中多数都有）；当外接影响直流电位的电路元件时，例如电阻、电位器、直流电压源等将改变内部的阈值电压。

6——u_{i1}：置 0 输入端，高于$\frac{2}{3}U_{CC}$（$=U_{T+}$）有效（在 5 脚无外接电路改变其直流电位的条件下）。

7——DIS：内部放电管集电极，可承受的最大灌电流为 200 mA（BJT）或 100 mA（CMOS）；亦可作为输出端（OC 门特性），输出电平状态与 3 脚相同。

8——+U_{CC}：供电电源正极；电源电压范围：4.5～16 V（BJT）或 3～18 V（CMOS）。

3. 集成 555 定时器功能表

表 8-1　集成 555(7555)定时器功能表

输入			输出	
复位($\overline{R_D}$)	置 0 输入(u_{i1})6 脚	置 1 输入(u_{i2})2 脚	输出(u_o)	放电管状态
0	×	×	0	饱和导通
1	$>\frac{2}{3}U_{CC}$	$>\frac{1}{3}U_{CC}$	0	饱和导通
1	$<\frac{2}{3}U_{CC}$	$>\frac{1}{3}U_{CC}$	不变	不变
1	$<\frac{2}{3}U_{CC}$	$<\frac{1}{3}U_{CC}$	1	截止

8.2　集成 555 定时器的基本应用电路

8.2.1　用集成 555 定时器做成施密特触发器(双稳态)

用集成 555 定时器构成施密特触发器是非常简单的,无须加外接元件,将 2 脚和 6 脚并联作为输入端即可,施密特触发器电路及电压传输特性如图 8-2 所示,3 脚和 7 脚均可作为输出端,其中 7 脚为 OC 门输出特性。

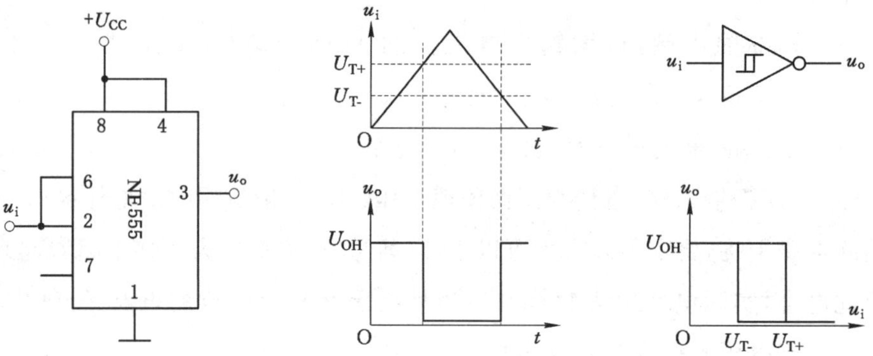

图 8-2　集成 555 定时器构成施密特触发器电路、波形、电压传输特性及逻辑符号

此外,也可以在 5 脚加外接直流电路改变施密特触发器的正向阈值电压U_{T+}(默认值为$\frac{2}{3}U_{CC}$)和负向阈值电压U_{T-}(默认值为$\frac{1}{3}U_{CC}$)。

8.2.2　用集成 555 定时器制作单稳态电路

用集成 555 定时器制作单稳态/定时器是本集成块设计的主要功能之一,电路结构非常简单，如图 8-3 所示，外接 RC 元件用于调节定时时间长短。

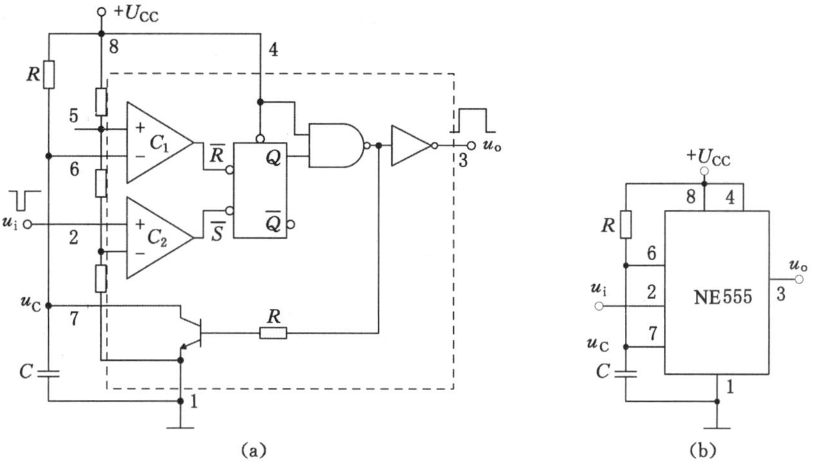

图 8-3　用集成 555 定时器构成单稳态触发器电路图

1. 电路工作原理

电路处于稳态时输入电压 u_i 为高电平（$>\frac{1}{3}U_{CC}$），输出电压 u_o 为低电平，内部放电管饱和导通，电容器 C 被内部放电管短路，因此不会被充电。

当输入负脉冲（$u_i<U_{T-}$）时触发电路进入暂稳态：输出高电平，放电管截止，电容器 C 开始充电，u_c 上升，直到 $u_c>U_{T+}$，电路被置 0 时暂态结束，波形如图 8-4 所示。

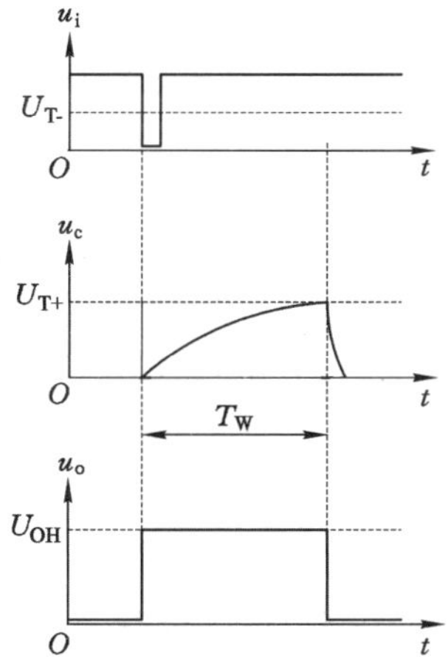

图 8-4　单稳态电路工作过程波形图

2. 暂态维持时间计算

根据一阶 RC 电路三要素公式

$$v(t)=v(\infty)+[v(0_+)-v(\infty)]e^{-\frac{t}{\tau}} \tag{8-1}$$

可得

$$T_w=\tau\cdot\ln\frac{v(0_+)-v(\infty)}{v(t)-v(\infty)} \tag{8-2}$$

$\because v(\infty)=U_{CC}, v(0_+)=0, v(t)=\frac{2}{3}U_{CC}, \tau=RC$

$\therefore T_w=\tau\cdot\ln 3\approx 1.1RC$

用集成555定时器构成延时继电器是555推出的初衷，电路如图8-5所示。图8-5中调整时间常数 $\tau=R_PC$，即可改变延时长短。

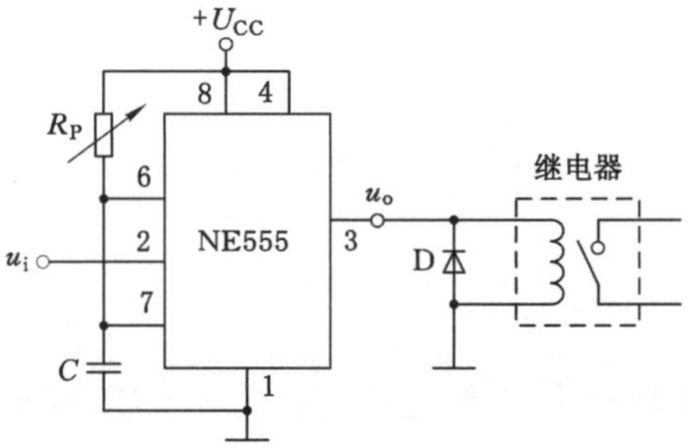

图8-5　电子延时继电器电路图

3. 关于 *RC* 参数选取与暂态时间及定时精度的讨论

由集成555定时器构成的单稳态延时电路的延迟时间可从毫秒级到分钟级，且定时精度基本不受电源电压波动的影响。但是，太短或太长的延时时间意味着时间常数 τ 太大或太小，都会影响定时精度。

例如，当时间常数 τ 太大，电阻 R 要选择在1 MΩ以上时，电路暂态过程中电容器的充电电流将小到 μA 级或以下，定时电容采用微法级以上的普通铝电解电容器。由于普通铝电解电容器漏电流的存在（与充电电流相比不能忽略不计）且不稳定，会造成延时精度不高，且随温度变化明显。

其次，555定时器内部的比较器输入端偏置电流、放电管集电极漏电流 I_{CEO} 也会影响到延时精度，总之，电路的稳定性变差，甚至电路状态无法返回稳态（因为电容器充电电压可能不能达到U_{T+}）。选用高质量的专用定时电容器，例如钽电容器、铌电容器等，定时精度可以有所改善，但专用定时电容器的容量难以做得很大，一般在100 μF以下。

一般情况下，当延时时间达秒级以上时，随时间常数增大，实际延迟时间与理论计算值的偏差增大，且温度稳定性变差；对于需要更大延时的应用，建议采用定时器加分频/计数器的方案来扩大延时时间（例如，采用CD4541B等集成电路）。

8.2.3　用集成 555 定时器制作多谐振荡器(无稳态电路)

采用 555 制作多谐振荡器的标准型电路由两个电阻和一个电容器构成 RC 时间常数电路,如图 8-6(a)所示。

1. 工作原理

当输出为高电平时(设为第一暂稳态),电容器 C 通过 R_1 和 R_2 串联充电;u_c 超过 U_{T+} 时电路被置 0,第一暂稳态结束,开始第二暂稳态,电容器 C 开始放电;当 u_c 低于 U_{T-} 时电路被置 1,回到第一暂稳态,工作过程的波形图见图 8-6(b)。

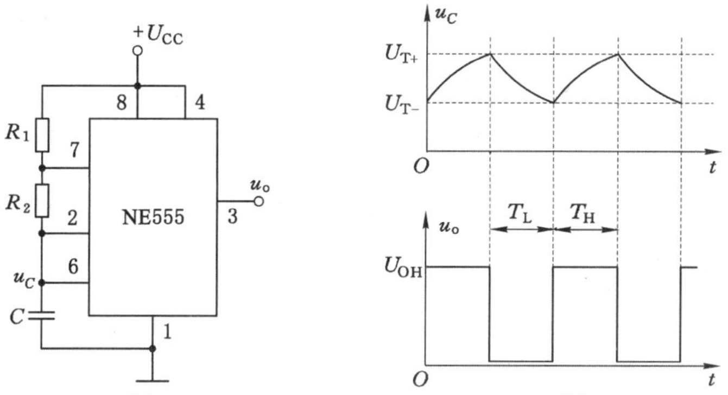

(a)　(b)

图 8-6　555 构成多谐振荡器电路与工作波形

2. 参数计算

按照一阶 RC 电路三要素公式可得

$$T_L = \tau_1 \ln 2 \approx 0.693\tau_1 \approx 0.7\tau_1 = 0.7R_2C \tag{8-3}$$

$$T_H = \tau_2 \ln 2 \approx 0.7\tau_2 = 0.7(R_1 + R_2)C \tag{8-4}$$

$$f = \frac{1}{T_L + T_H} \approx \frac{1.44}{(R_1 + 2R_2)C} \tag{8-5}$$

由于 $\tau_1 < \tau_2$,输出波形是负脉冲,即占空比始终大于 50%;当 $R_2 \gg R_1$ 时,$T_L \approx T_H$,占空比接近 50%,但 R_1 不能选得太小,否则输出低电平时放电管的电流太大。

另一种多谐振荡器电路如图 8-7 所示。这种电路所用元器件较少,先将 555 定时器接成施密特反相器,然后用 RC 构成反馈电路,其工作波形与图 8-6(b)相同。由于双极型晶体管集成 555 定时器的输出高电平电位要比电源电压 $+U_{CC}$ 低 1.5 V 左右,电容器 C 的充电(输出高电平)时间要大于放电时间,输出波形依然是负脉冲;如果采用 CMOS 工艺的集成 7555 定时器,则输出波形为标准方波。

图 8-8 是占空比可连续调节的多谐振荡器电路,由于二极管 D_1 和 D_2 隔离了充放

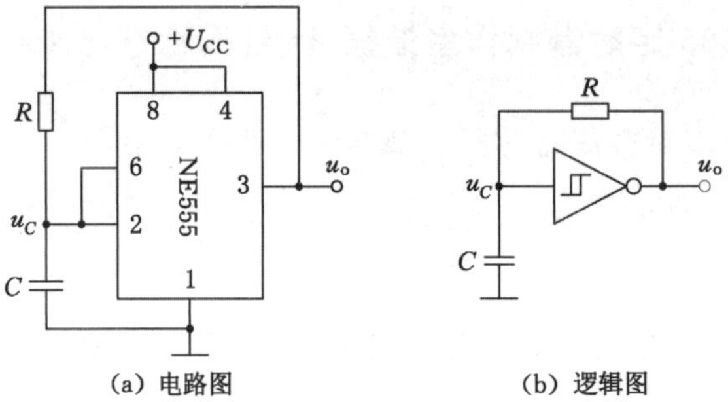

图 8-7　施密特反相器构成的多谐振荡器电路图

电回路电阻 R_A 和 R_B，且 $R_A+R_B=R_1+R_2+R_3$，在调节占空比时可保持电路的振荡频率基本不变(忽略二极管的正向导压降情况下)。占空比为

$$\delta=\frac{R_A}{R_A+R_B}\times 100\% \tag{8-6}$$

振荡频率为

$$f=\frac{1.44}{(R_1+R_2+R_3)\cdot C} \tag{8-7}$$

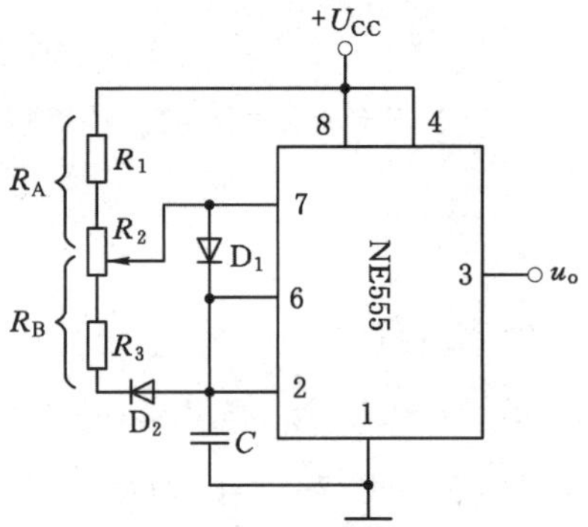

图 8-8　占空比可连续调节的多谐振荡器电路图

8.3　集成 555 定时器的扩展应用举例

8.3.1　双音频报警器电路

双音频报警器电路如图 8-9 所示，由两个 555 定时器芯片分别构成不同频率的多谐波振荡器。其中 IC_1 的振荡频率约为 1 Hz，输出电压 u_{o1} 去控制 IC_2 的阈值电压。IC_2 构成标准型多谐振荡器，当 5 脚电压降低时，正向阈值电压和负向阈值电压都降低，电

容器 C_3 的充放电时间均变短，IC_2 的振荡频率升高。因此，随着阈值电压的变化，IC_2 产生约 600～950 Hz 的脉冲波输出，扬声器发出类似救护车报警声音，改变 C_1、C_3 参数可以改变报警声类型。

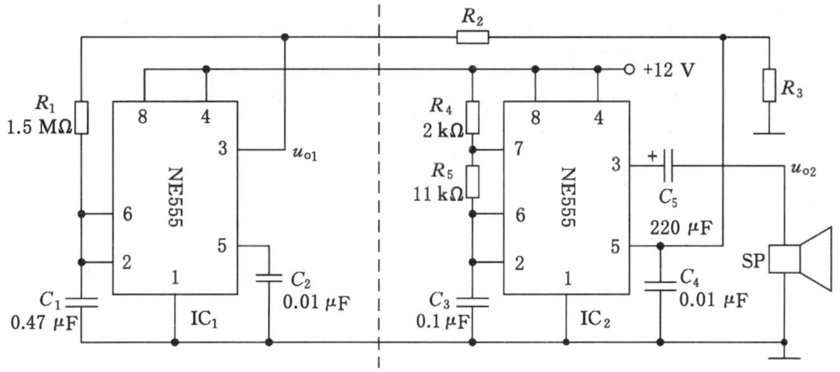

图 8-9　双音频报警器电路图

另外，图 8-9 电路中 C_4 的容量大小也将影响报警声音类型：当 C_4 很小时，IC_{25} 脚的 RC 时间常数 τ_5 很小，电压波形接近脉冲波，如图 8-10 所示，音调在高低两个频率之间来回跳变；随着 C_4 容量增大，IC_2 的 5 脚电压波形接近锯齿波，音调变成在高低两个频率之间连续变化。

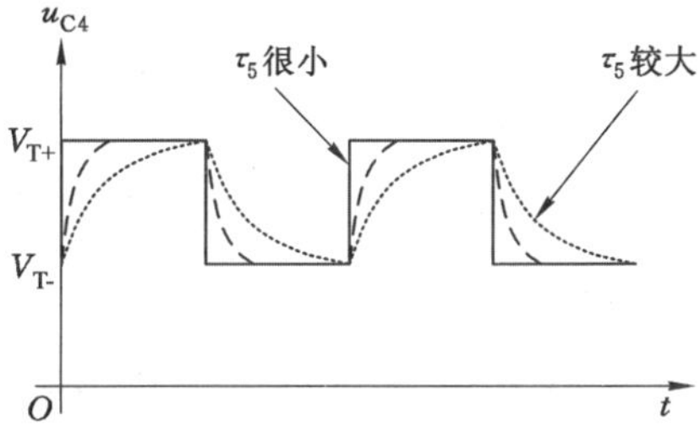

图 8-10　$IC_2$5 脚电压波形与该引脚的 RC 时间常数关系

8.3.2　触摸式楼道照明灯控制器（触摸延时开关）

图 8-11 是一种完整的两线式楼道照明触摸式延时控制开关。电路结构上可以划分为供电部分、金属触摸电极及检测放大电路、定时器及主控开关等几个部分，整个电路的结构框图如图 8-12 所示。

工作原理：当手触摸到金属电极时，注入微弱的感应信号，经三极管 T_1 放大后触发由 555 构成的单稳态电路进入暂态，输出高电平。T_2 与 BD_1 构成等效固态继电器，当定时器 IC_1 输出高电平时 T_2 饱和导通，相当于 K_1 与 K_2 之间短路，灯泡亮。

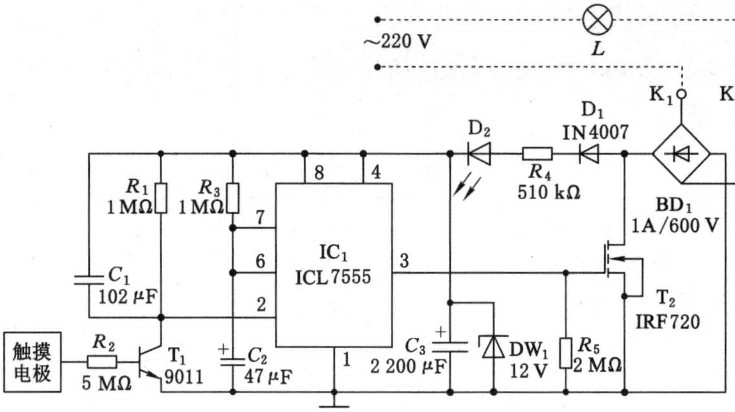

图 8-11　触摸路灯延时开关完整电路图

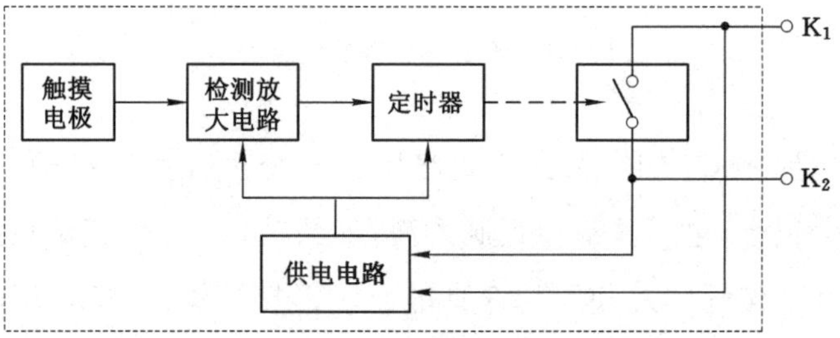

图 8-12　触摸延时开关整体结构框图

每次触发后的亮灯时间

$$T_W = 1.1 R_3 C_2 = 51.7\ \text{s}$$

对于这种两线式开关，解决控制电路的供电问题是其技术难点之一，因为当触摸开关等效闭合后控制电路无法继续从电网获得电源的支持，本开关的供电电路部分如图 8-13 所示。

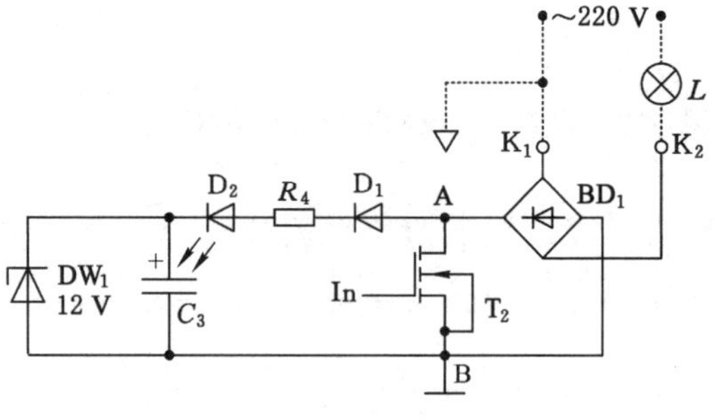

图 8-13　触摸开关供电部分电路图

当灯泡未点亮时，T_2 截止，灯泡上几乎没有压降，交流电压 220 V 经整流桥 BD_1 输出直流电压平均值$V_{AB}\approx 200$ V，通过 D_1、R_4、D_2 对 C_3 充电，电流约 0.4 mA，稳压管 DW_1 击穿后V_{C3} 稳定在 12 V 左右，给 IC_1 等控制电路供电。当灯被点亮后$V_{AB}\approx 0$，D_1 截止，IC_1 等控制电路只能依靠电容器C_3 维持供电。

由于采用 CMOS 工艺的 ICL7555 定时器及其附属电路功耗极低，整个控制电路的运行电流消耗约 0.1 mA。在亮灯期间$V_{AB}\approx 0$，停止向C_3 充电，LED 熄灭，控制器的电源电压V_{C3} 会略有下降，实际的亮灯时间比计算值略短，实测大约 50 s。其实，如果不是因为控制电路的电源电压V_{C3} 有所下降，延时会比理论计算值 51.7 s 更长（因为 C_2 存在漏电流）。本触摸开关允许的最大负载电流（灯泡功率）与 T_2 和 BD_1 的参数有关。

触摸延时路灯开关一般用于公共场合的走廊、楼梯口等楼道路灯控制，平时灯不亮，当有人触摸开关的电极时灯被点亮，并延时约 50 s 后自动熄灭。电路中 LED 安装在触摸金属电极的圆孔中，夜晚路灯不亮时在黑暗中可以看到触摸电极中 LED 发出的微弱亮光以指示触摸开关的位置。

值得注意的是：与声控延时开关不同，触摸延时开关无须光控功能，因为白天没人会去点亮它。另一个安全方面的问题是触摸电极靠大电阻 R_2 保持与电网的隔离，要求 R_2 可承受高电压（至少 3 000 V）而不会被击穿，确保使用者的人身安全。实际使用中，触摸开关的连接端子 K_1、K_2 无须区分火线与零线，可以随意连接。

图 8-11 中 C_2 采用普通铝电解电容器，其定时精度不高。对于定时时间在秒级以上的应用可以采用振荡器加计数器方案解决，图 8-14 电路中用 CD4541B 替代 555 定时器，可以达到更好的效果，其工作原理请自行分析。

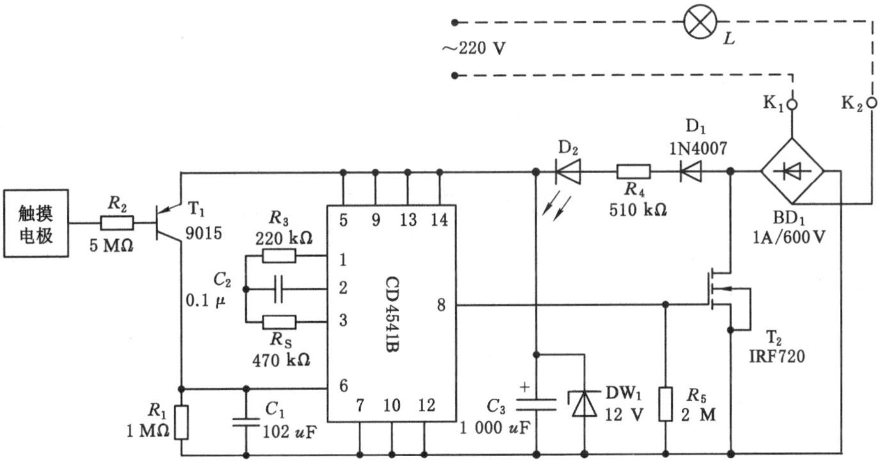

图 8-14　另一种触摸定时开关电路图

8.3.3 555 定时器构建 DC-DC 转换器

电源供电为电路提供能量，其质量好坏直接影响着电子设备的可靠性。DC-DC 转换器常用于主要由电池供电的便携式电子设备，例如手机和笔记本电脑等。随着电子技术的不断发展，功耗、体积及转换效率等指标要求也在不断提高，开关电容技术因其效率高而在电源中得到了越来越广泛的应用。DC-DC 转换器是可以将某一电压等级的直流电源变换其他电压等级直流电源的模块。DC/DC 转换器按电压等级变换关系分升压电源和降压电源两类。例如，车载直流电源上接的 DC-DC 变换器是把高压的直流电变换为低压的直流电。

电荷泵是 DC-DC 转换器的其中一种类型。电荷泵就是通过电容对电荷的积累效应而产生高压使电流由低电势流向高电势。单片开关电源采用电荷泵技术通过功率管控制电容的充放电来实现电压的转换，从而极大地缩小了电源体积，提高了转换效率。电荷泵是外部的快速充电电容(Flying Capacitor)，通过内部时钟电路对功率管以一定的频率进行导通和关断，实现对电容的充放电，进行升压(或者降压)转换。如果有电压负反馈电路，就能够控制充电电容的充电时间和充电电压，以保证输出电压的稳定。

DC-DC 转换器往往都需要有时钟产生电路来进行功率管的开关控制，可以采用 555 定时器组成多谐振荡器来产生所需的时钟信号。以下介绍一种基于 555 定时器构建的 DC-DC 转换器，如图 8-15 所示。DC-DC 转换电路采用常见的 ICL7555 用作多谐振荡器，搭配一些基本元件，如晶体管、电容和电阻等。该电路在输入 +5 V～+18 V 的电源电压时，可以产生 +7.5 V～+30 V 的输出电压。

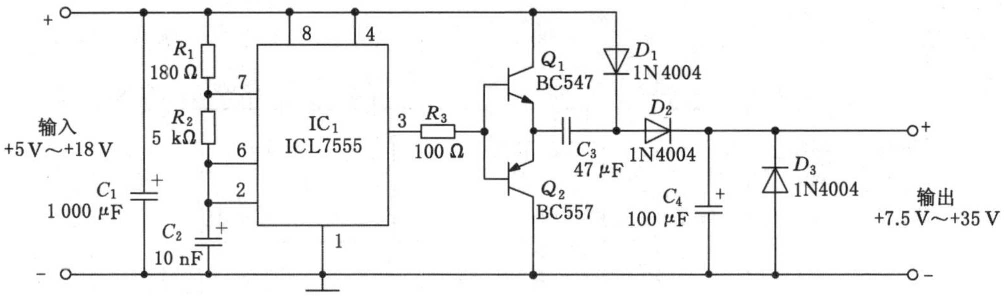

图 8-15　DC-DC 升压转换器电路

根据 Dickson 的电荷泵模型，可以通过电荷分配的方法计算出输出电平的大小。但是由于晶体管和整流二极管上的一些电压损失，实际的输出电平会小于理论计算值。图 8-15 中，用 555 定时器构建的多谐振荡器生成的频率约为 10 kHz。根据 555 定时器的 3 脚输出电平的高或者低，晶体管 Q_1 或 Q_2 被打开，电容 C_3 在半周期内被充电，在另一半周期，来自电容 C_3 的电荷转移到电容 C_4，为输出端连接的负载进行供电。图 8-15 所示的基于 555 的 DC-DC 转换器电路结构较为精简，没有使用任何稳压控制，意味着输出电压的电平与负载大小有关。如果需要非常稳定的直流电压输出，则需要增加稳压电路。

8.4　集成 555 定时器实验

8.4.1　实验目的

(1) 学习仪器仪表的使用方法；

(2) 学习元器件基本知识及其测试方法；

(3) 学习自己组装实验电路，自主测试；

(4) 锻炼自己分析问题、解决问题的能力。

8.4.2　实验参考电路及工作原理

实验参考电路如图 8-16 所示，这是一个模拟楼道照明灯触摸延时控制电路，基本电路结构是由 555 定时器构成单稳态延时电路。

延时时间：$T_W = 1.1R_2C_1$。当手触摸到触摸端子时，从 2 脚输入一个低电平，触发电路进入暂稳态，输出 U_o 高电平，发光二极管亮（实际应用电路中输出端可以接继电器控制灯泡）。

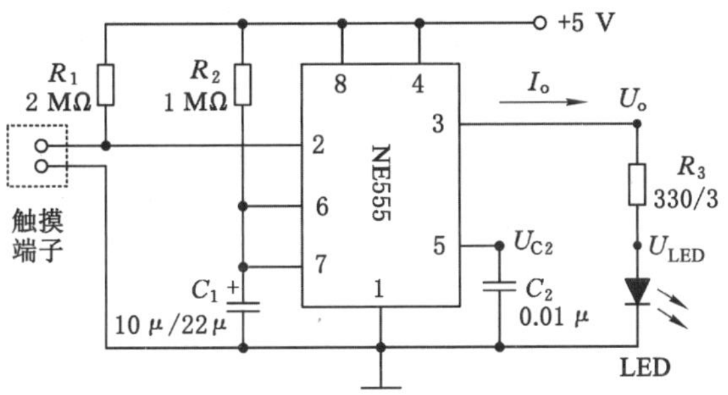

图 8-16　实验参考电路图

8.4.3 实验内容及注意事项

1. 面包板的结构与使用说明

图 8-17 是一般面包板实物照片。内部结构是:上边两横排和下边两横排为电源连接区,横向内部连通,两横排之间不通,一般用于连接正负电源(请注意图片左右两侧标记)。

中间部分为元器件安置区,纵向五孔连通,横向不通,上五孔与下五孔不通。

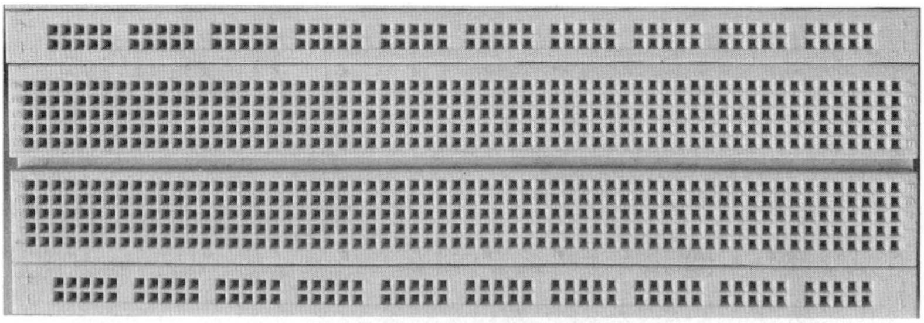

(a) 整张面包板照片

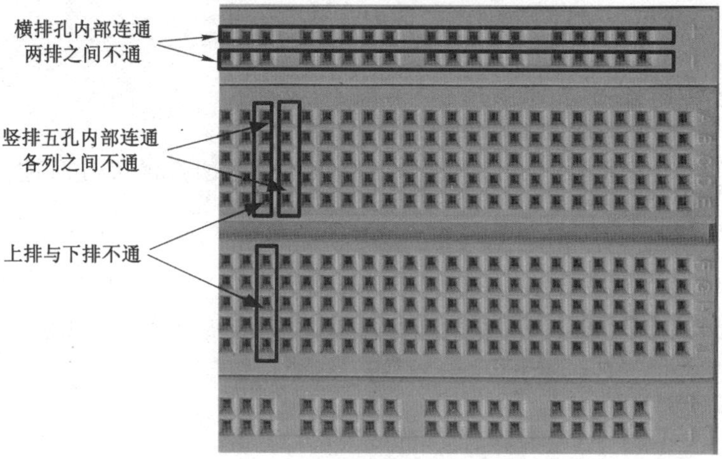

(b) 内部结构说明示意图

图 8-17 面包板使用说明图片

2. 组装电路

为了节省实验费用,减少实验器材消耗,实验电路按照图 8-16 用面包板组装连线,其中 C_1 提供 10 μF 和 22 μF 两个不同容量的电解电容器,R_3 提供 330 Ω 和 3 kΩ 两种阻值,LED 提供红/绿两种颜色的发光管,便于实验中进行对比测试与观察。

电路组装时元器件布局如图 8-18(a)所示,组装完成后的电路见图 8-18(b)。

3. 实验注意事项

(1) 由实验指导教师登记发放实验器材包、拿到后要清点器件数量并检测元器件

(a) 实验电路元器件布局参考

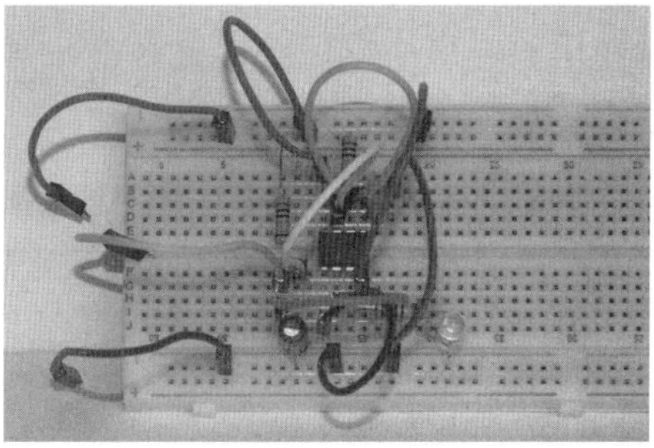

(b) 电路组装参考实物图

图 8-18　实验电路组装参考设计

是否正常，如果遇到缺少或损坏的元器件可找老师申请补充或更换；

(2) 用万用表测量大电阻(1 kΩ 以上)时不能用两只手同时捏住电阻两端；

(3) C_1 是电解电容，有正负极之分，千万不能接错；

(4) LED 如果接反就不会亮(管芯内部电极粗大的为负极或阴极，小的正极)；

(5) 电路组装完成后要反复检查才能通电测试！

(6) 实验电路连接、测试好后，可用手机拍照，作为实验过程记录留存；

(7) 实验完成后整理好实验台，可继续使用的元器件清点后装入器材包上交指导教师并做好记录，已损坏的元器件不要混在其中，以免影响其他同学使用。

8.4.4　实验测试项目记录及结果分析

1. 定时时间测试

C_1 分别为 10 μF 和 22 μF，用手机的秒表功能测试电路延时时间并记录于表 8-2，数据精确到一位小数。

表 8-2　实验电路定时时间记录(测试条件：R_3 = 330 Ω，红色 LED)

C_1 容量选择	R_2 阻值(实测)	C_1 容量(实测)	$T_W = R_2C_1$(计算值)	T_W 实测(第 1 次)	T_W 实测(第 2 次)
C_1 = 10 μF					
C_1 = 22 μF					

* 注：表中电阻 R_2 与电容 C_1 参数不是标称值，用数字万用表对该元件直接测量得到。

对比实测时间与计算时间，做出误差分析。

2. 电压测量(不可与第一项的定时时间测试同时进行)

选 C_1 = 22 μF，触发电路处于暂态时，用万用表直流 20 V 挡测量并记录图 8-17 的实验电路中各点电压数据并记录表 8-3，计算 $I_o=\dfrac{U_o-U_{LED}}{R_3}$。

表 8-3　各电压参数测量记录(测试条件：$C_1=22\ \mu F$；红色 LED，触发电路处于暂态)

参数	$+U_{CC}$/V	U_o/V	U_{LED}/V	U_{C2}/V	计算 I_o/mA
$R_3=330\ \Omega$					
$R_3=3\ k\Omega$					

其他器件及参数不变，更换绿色 LED，重复表 8-3 测试。

对比测试数据及观察 LED 的亮度/颜色差别，并用所学理论对测试结果做出分析、总结。

8.5　实验总结报告

每个项目的理论课和实验课都完成后写出完整的实验总结报告。报告用学校的标准实验报告纸撰写，内容包括相关的理论课程内容，但重点是实验过程记录及实验结果分析、课程总结、收获与体会、对课程的建议等。

8.6　思考题

(1) 单稳态电路中定时电容器的漏电流对定时时间有何影响？如何提高定时精度？

(2) 为什么不同颜色的发光二极管正向电压不同？有何规律？

参考文献

[1] 邱关源 罗先觉. 电路[M]. 第 5 版. 北京：高等教育出版社，2012.

[2] 胡仁杰. 电工电子创新实验[M]. 北京：高等教育出版社，2010.

[3] 岳香梅，闫晓艳，任国凤. 电子电路分析与创新设计[M]. 北京：中国商务出版社，2012.

[4] 康华光，张林. 电子技术基础(数字部分)[M]. 北京：高等教育出版社，2021.

[5] 杨志忠，朱昊，卫桦林. 数字电子技术基础[M]. 4 版. 北京：高等教育出版社，2023.

[6] 郭业才. 数字电子技术实验仿真与课程设计教程[M]. 西安：西安电子科技大学出版社，2020.

[7] 许小军. 数字电子技术实验与课程设计指导[M]. 2 版. 南京：东南大学出版社，2014.

[8] 王连英. 数字电子技术基础 [M]. 2 版. 北京：高等教育出版社，2020.

[9] 戚金清，王兢. 数字电路与系统[M]. 3 版. 北京：电子工业出版社，2016.

[10] 阎石，王红. 数字电子技术基础[M]. 6 版. 北京：高等教育出版社，2016.

[11] 赵进全. 数字电子技术基础[M]. 3 版. 北京：高等教育出版社，2020.

[12] 王萍，刘京茂. 模拟、数字及电力电子技术学习指导[M]. 北京：电子工业出版社，2017.

[13] 姚素芬. 电子电路实训与课程设计[M]. 北京：清华大学出版社，2013.

[14] 欧阳宏志. 电工电子实验指导教程[M]. 西安：西安电子科技大学出版社，2021.

[15] 于歆杰. 电路原理[M]. 北京：清华大学出版社，2020.

[16] 景新幸，李晓冬，李淑明等. 电子电路创新性实验指导[M]. 北京：高等教育出版社，2011.

[17] 卿太全. 集成运算放大器应用电路集萃[M]. 北京：中国电力出版社，2011.